LUDWIG J. BERTELE

Ein Pionier der geometrischen Optik

Bibliografische Information der Deutschen Nationalbibliothek
Die Deutsche Nationalbibliothek verzeichnet diese Publikation in der Deutschen Nationalbibliografie; detaillierte bibliografische Daten sind im Internet über http://dnb.d-nb.de abrufbar.

ISBN 978-3-7281-3816-3

www.vdf.ethz.ch
verlag@vdf.ethz.ch

Umschlaggestaltung: Isabel Thalmann, buchundgrafik.ch

Erhard Bertele

LUDWIG J. BERTELE

Ein Pionier der geometrischen Optik

Inhaltsverzeichnis

Teil 1: Ein Blick zurück in die Geschichte

Teil 2: Ludwig Jakob Bertele

Vorwort

Die Idee, eine Lebensgeschichte über unseren Vater, seine Arbeit und sein Wirken zu schreiben, stand seit dessen Tod im Jahr 1985 im Raum. Schon früh hatte meine Nichte Sylvia Bertele die Tonbandaufnahme eines längeren Interviews (1) transskribiert, das etwa 1980 stattgefunden hatte. Dieses hätte damals schon Ansatzpunkt sein können für das Unternehmen. Doch es brauchte dreissig Jahre und die Begegnung mit Bernd Otto, dem Fotohistoriker, bis ich mich auf das Projekt einliess. Bernd Otto ist bekannt durch sein Werk, das umfassend alle Zeiss-Kameras beschreibt, und seine Artikel in der Zeitschrift „PhotoDeal" (2).

Mein Vater hatte mich, nachdem ich die Matura gemacht hatte, eingeladen, ein Praktikum in seinem Rechenbüro in Heerbrugg zu absolvieren. Ich akzeptierte und bemühte mich in der Folge unter seiner Anleitung, mit Logarithmentafel und Sinustabelle, um die Optimierung eines einfachen optischen Systems. Ein eigentliches Exerzitium, diese Rechnerei, die keinerlei Begeisterung in mir weckte. Das könnte nicht mein Beruf werden! Dazu kam, dass ich mich in eine seiner jungen Rechnerinnen verliebte, was ihn nicht begeisterte und für eine Weile unsere Beziehung belastete.

Statt dann in ein Studium der Physik einzusteigen, was eine Grundlage hätte sein können für eine spätere Spezialisierung auf das Gebiet der Optik, wie er es mir vorgeschlagen hatte, wurde ich Chemiker. Der Optik blieb ich aber – sehr indirekt allerdings – verbunden, denn dank seiner Contax mit Sonnar 1:1.5, die er mir schon früh überlassen hatte, wurde ich begeisterter Amateurfotograf.

Natürlich war ich in groben Zügen immer informiert, wenn wieder einmal eine neue Konstruktion von ihm lanciert wurde. Doch die bahnbrechende Qualität seiner Schöpfungen war mir eigentlich nie bewusst geworden, zu sehr war ich in meine eigenen beruflichen Aktivitäten involviert.

So geschah es, dass über den Entschluss, seinen Nachlass zu sichten, ich mit dem Vater auf eine ganz neue Art in Kontakt kam. Erst dadurch, dass ich mich in seine Korrespondenzen, seine vielen Patente (und Auseinandersetzungen mit den Patentprüfern) vertiefte, wurde mit bewusst, welche Bedeutung unser Vater in der Welt der Optik erlangt hatte und wie er in Fachkreisen als ausserordentliche Persönlichkeit geschätzt wurde. Einige Informationen konnte ich dem schon erwähnten Interview entnehmen. Doch es schmerzte die Erkenntnis, dass ich zu seinen Lebzeiten nicht neugieriger gewesen war und es verpasst hatte, ihn zu seinen Arbeiten, auch den sehr frühen, zu befragen. So bleiben leider Lücken, die nicht mehr zu füllen sind. Zeitzeugen, von denen man noch Auskünfte hätte bekommen können, sind unterdessen leider auch schon verstorben.

Von den beiden Firmen, für welche er seine wichtigsten Entwicklungen realisierte, konnte ich einiges an Informationen erhalten. So unterhält die Carl Zeiss AG in Jena ein grosses, die Firmengeschichte dokumentierendes Archiv, welches vom Historiker Dr. Wolfgang Wimmer betreut wird. Ihm verdanke ich Informationen und Bildmaterial. Bei der Firma Wild AG, die inzwischen als Leica Geosystems AG auftritt, konnte mir Roger Zellweger die gesammelten Ausgaben der ehemaligen Hauszeitschrift „Opticus" zur Verfügung stellen, und zwar, dank seiner Initiative, in recherchefreundlicher digitaler Form. Eine weitere Informationsquelle war die von Jürg Dedual in privater Initiative aufgebaute Webseite: „Virtual Archive of Wild Heerbrugg". Die Sammlung der Luftbildaufnahmen, für welche die Objektive Aviotar, Aviogon und Superaviogon verwendet worden waren, ist leider nicht mehr vorhanden.

In seiner Bescheidenheit brachte unser Vater von sich aus das Gespräch kaum je auf seine besonderen Leistungen. Eher äusserte er in Gesprächen um seine Arbeit ein Erstaunen über Verhaltensweisen von Firmenangehörigen, die mehr der eigenen Profilierung als dem Erfolg der Firma dienten. Im Ringen um Verständnis schwenkten Gespräche auch mal ab ins Psychologisch-Philosophische. Auch die Frage nach Sinn und Unsinn unserer Existenz tauchte auf. Aus seinem grundlegend naturwissenschaftlichen Weltbild konnte er keinen Sinn ableiten. Er mochte jedoch nicht bei dieser Frage verweilen, fand die Frage – so gestellt – nicht eigentlich sinnvoll. Ihm genügte die Herausforderung, die uns die Natur mit ihren Rätseln stellt. Er freute sich, wenn die naturwissenschaftliche Forschung wieder einmal ein solches gelöst hatte. So bekam ich gelegentlich Post von ihm, wenn ihn einer der Beiträge der NZZ unter dem Titel „Forschung und Technik" besonders begeisterte. Er selbst lebte diese Begeisterung in seinem eigenen Gebiet aus und zwar, mit zunehmendem Alter, sogar mit zunehmender Intensität: ein Leben für die Optik.

Nachdem mit den Erfindungen von Niépce und Daguerre „das Schreiben mit Licht" – das Fotografieren – möglich geworden war, ging es in der Folge unter anderem um die Entwicklung abbildender optischer Systeme. Nach den Pionieren Seidel, Petzval und Abbe, welche als Mathematiker eine theoretische Basis zur Konstruktion optischer Systeme legten, und nachdem auch erste Schritte zu einer solchen Entwicklung getan worden waren, machte Ludwig J. Bertele, der jugendliche Autodidakt, um 1920 mit einer ersten erstaunlichen Konstruktion auf sich aufmerksam. Diesem ersten „Wurf" folgten regelmässig weitere bahnbrechende Leistungen, sodass durch seine intensive schöpferische Tätigkeit eine ganze Epoche der Optikentwicklung geprägt wurde.

Bevor ich in einem zweiten Teil dieser Schrift auf Leben und Wirken von Ludwig J. Bertele eingehe, werde ich zuerst versuchen nachzuzeichnen, wie die menschliche Neugier, ausgehend von einer einfachen zufälligen Entdeckung, über die Jahrhunderte einem Verständnis des Phänomens Licht und damit auch dem des Sehens immer näher kam, bis hin zu Entdeckungen, die dann das Fotografieren ermöglichten. Durch diesen ersten Teil werden die Leistungen unseres Vaters relativiert, indem ich diese in den grösseren Rahmen der wissenschaftlichen Evolution stelle. Ich meine, dass ich sein Placet dafür bekommen hätte.

Die Entwicklung steht nicht still. So hat es mich gereizt, in einem Epilog auf einige interessante Entwicklungen der Nach-LJB-Aera hinzuweisen.

Danksagung

Neben dem schon erwähnten Bernd Otto sowie meiner Nichte Sylvia gehört mein Dank einer Reihe weiterer Personen, von denen ich bei meinem Projekt unterstützt wurde:
Gespräche mit meinem Bruder Jürgen waren wichtig und führten immer wieder zu Klärungen.

Andreas Eggenberger war es, der mir das ABC des InDesign Programms beibrachte und verantwortlich ist für die grafische Gestaltung.

Auf der Suche nach Bildmaterial zu Hans Böhm, dem ersten Ermanox-Fotografen, kam ich mit Mag. Gerald Piffl von der Wiener Bildagentur Imagno in freundschaftlichen Kontakt und erhielt nicht nur Bilder, sondern auch erhellende Informationen.

Marco Cavini, der italienische Fotohistoriker, der unter anderem das Verdienst hat, den Prototypenbau und Varianten des Sonnar-Objektivs erforscht und dargestellt zu haben, hat mir diesbezüglich viele Informationen geliefert, die jedoch so in die Breite gehen, dass ich nur auf seine Publikationen im Internet verweisen kann. Ihm verdanke ich auch das Bild der Leica mit Sonnar (Seite 56).

Dr. Wolfgang Wimmer, Leiter des Zeiss-Archivs, danke ich für den freundlichen Empfang in Jena und das Überlassen von Porträts der Optik-Pioniere aus dem Archiv.

Die ehemalige Wild AG ist Teil des schwedischen Hexagon Konzerns geworden und firmiert jetzt als Leica Geosystems AG.

Bei meinen Recherchen war es sehr hilfreich, dass mir Roger Zellweger die Hefte der Wildschen Firmenzeitschrift Opticus die er gesammelt und digitalisiert hatte zur Verfügung stellte. Vom ehemaligen Wild-Mitarbeiter Jürg Dedul erhielt ich das die Mikroskop-Optiken betreffende Bildmaterial. Beiden bin ich sehr dankbar.

Bei einem Besuch in Heerbrugg spürte ich im Gespräch mit Jürgen Dold und Eugen Voit viel Wohlwollen und Interesse am Buchprojekt. Gleichzeitig bekam ich bei einer Führung Einblick in aktuelle Entwicklungen und Produkte der Firma – erstaunlich, wie rasant der Fortschritt, vor allem dank der Digitalisierung, in den Jahren seit der Zeit des Wirkens von L.J. Bertele war. Für diesen Einblick, der mir gewährt wurde, bin ich natürlich auch sehr dankbar.

Dankbar bin ich auch Sibylle Obrist, Miriam Durscher und Branco Ciganovic für ein erstes kritisches Lesen des Manuskripts.

Angelika Rodlauer hat als Lektorin des vdf-Verlags den Text einer sehr gründlichen Kontrolle unterzogen. Wenn dieser jetzt in einer angenehm leserlichen Form vorliegt, ist das ihr Verdienst.

Zuletzt, und doch nicht zuletzt, gilt ein besonderer Dank meiner Frau Susan, die mich auf ihre Art sehr unterstützt hat.

Teil 1:
Ein Blick zurück in die Geschichte

Die ersten Linsenschleifer

Vom durchsichtigen Quarz zu optisch brauchbaren Gläsern

Tiefere Einsichten in die Natur des Lichts

Mathematische Behandlung optischer Probleme

Erste Realisierung von Abbildungssystemen

Die Linse von Ninive

Sir Austen Henry Layard

Heinrich Schliemann

Schleiftechnik und erste optische Entdeckungen

Neben der Sprachentwicklung war wohl die Bearbeitung von Steinen ein weiterer wichtiger kulturbildender Faktor in der Menschheitsgeschichte. Werkzeuge, Kult- und Schmuckobjekte entstanden. Bei der Formung von farblosem Quarz (Bergkristall) zu einfachem Schmuck mögen den frühen Steinschleifern nach dem Polieren von gerundeten Flächen optische Effekte aufgefallen sein. Leicht vorzustellen, dass die Entwicklung dahin führte, dass farbloser Quarzstein dann mühsam zur Linsenform geschliffen wurde. Der Durchblick liess Objekte grösser erscheinen (Lupeneffekt) und, ins Sonnenlicht gehalten, wurde deren Licht in einem hellen, heissen Punkt gesammelt (Brennglas).

Diese ersten „Optiker" lebten vor mindestens 3000 Jahren. Bei Grabungen in der assyrischen Stadt Ninive (östlich von Mossul, im heutigen Irak) fand der Archäologe Sir Austen Henry Layard im Jahr 1852 eine aus Bergkristall geschliffene, plankonvexe Linse mit einem Durchmesser von 34 x 40 mm und einer Dicke von 6 mm. Wegen der torischen Form variiert die Brechkraft zwischen 4 und 8 Dioptrien. Die relativ schlecht polierte Oberfläche der Linse ergibt keinen sehr scharfen Fokus. Dies konnte durch Benetzung der Oberfläche mit Wasser, Fett oder Öl sicher deutlich verbessert werden. Die Linse befindet sich heute im Britischen Museum, London.

Bei Grabungen in Troja (1871–1873) fand Heinrich Schliemann 48 plankonvexe Kristalllinsen. Diese befanden sich zusammen mit dem „Schatz des Priamos" lange im Museum für Vor- und Frühgeschichte in Berlin. Nach dem Zweiten Weltkrieg wurde die Sammlung als Beutekunst nach Russland gebracht. Nachdem sie längere Zeit als verschollen galt, befindet sie sich jetzt im Puschkin-Museum im Moskau (allerdings für die Öffentlichkeit nicht zugänglich). Vermutlich sind dort auch die Linsen aufbewahrt.

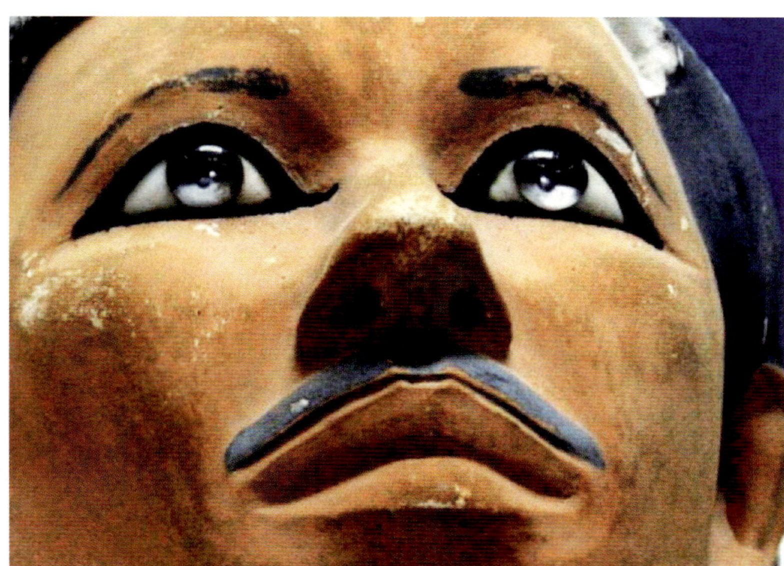

Rahotep; Ägyptisches Museum Kairo

Ka-aper; Ägyptisches Museum Kairo

Auch die alten Ägypter verstanden es, Linsen zu schleifen. So zeigen mehrere Figuren beeindruckend lebendige Augen, etwa Rahotep und Nofretete, 4. Dynastie (2639–2504 v. Chr.), die Holzstatue des Ka-aper, 5. Dynastie (2470–2458 v. Chr.) sowie jene des Pharao Hor Awybre, 13. Dynastie (1760–1732 v. Chr.). Die erstaunliche Lebendigkeit des Blicks erzielten die ägyptischen Künstler, indem sie den Augapfel aus undurchsichtigem weissem Quarz (Alabaster) schliffen. Das ins Zentrum gebohrte, schwarz ausgefüllte kleine Loch markiert die Pupille und das darüber gesetzte plankonvex geschliffene Stück durchsichtigen Bergkristalls bildet den Hornhautbogen ab. Alle erwähnten Darstellungen befinden sich im Ägyptischen Museum in Kairo.

Die Bedeutung von linsenförmig geschliffenen Quarzkristallen bestand im Altertum wohl vor allem in ihrer Verwendung als Brennglas. Ein Brennglas konzentriert das Sonnenlicht zu einem heissen Fleck, was das Entzünden eines Feuers ermöglicht. Nicht nur im griechisch-römischen Kulturbereich war diese elegante Art ein Feuer zu entzünden im Gebrauch, sondern auch im alten Indien und China. Der Indologe Wilhelm Rau (1) zitiert unter anderem den Autor Yāska (5./4. Jahrhundert v. Chr.): „Wenn jemand einen polierten Edelstein auf einen Pratisvara [Brennpunkt] richtet, wo trockener Kuhmist liegt, ohne den mit dem Edelstein zu berühren, dann entzündet sich der: Es entsteht auf diese Weise aus dem himmlischen eben dies irdische Feuer."

Das Brennglas wurde in Sanskrit als sūryakānta, Sonnenfreund, bezeichnet. Der Sinologe Berthold Laufer (2) findet in China in den Annalen der T'ang Dynastie, 618–906 v. Chr., eine erste Erwähnung von bis zu hühnereigrossen Quarzkristall-Linsen. Diese huo chu (Feuerperle) genannten Linsen wurden nach seinen Recherchen aus Indien importiert. Wasserklarer Quarz wurde in Kaschmir gefunden. Dort hatte man offenbar auch eine Technik entwickelt, um die Steine zur Linsenform zu schleifen und zu polieren.

Es folgen einige schriftliche Zeugnisse aus griechisch-römischer Zeit, welche die damalige Kenntnis der Eigenschaften von Quarzlinsen beschreiben und belegen.

Die Komödie „Die Wolken“ von Aristophanes

In diesem Werk spielt die Fantasie um ein Brennglas eine wichtige Rolle. Die Komödie wurde 423 v. Chr. in Athen uraufgeführt. Wir zitieren aus der Übersetzung von Otto Seel (3):

„Der verschuldete Strepsiades sucht Hilfe bei Sokrates. Dieser entlarvt ihn als alten Tölpel und zwingt ihn, selbst Lösungsvorschläge zu ersinnen. Der bauernschlaue Strepsiades meint – nach einer schlaflosen Nacht –, er könnte ja einen jener durchsichtigen, glatten, hübschen Steine, die man beim Händler findet, nehmen und bei der Gerichtsverhandlung, wenn der Sekretär sein Protokoll verfasst, ein Stück entfernt, sich in die Sonne stellen und die Schrift der Klage einfach wegschmelzen.“ Sokrates bezeichnet diesen Stein als Brennglas (hýalos).

Das Brennglas in der orphischen Dichtung

In der Zeit um 400 v. Chr. entstand der folgende Text: „Nimm in deine Hand den glänzenden durchsichtigen Kristall [hýalos]. Willst du ein Feuer wecken, ohne dass zur Anstrengung dich seine Flamme zwingt, so heisse ich dich, ihn über dürre Kienspäne zu halten. Wenn dann die Sonne dagegen scheint, wird er bald einen zarten Strahl auf die Späne richten. Berührt dieser die dürre und fette Materie, wird erst ein Rauch, dann ein kleines Flämmchen, aber dann ein grosses Feuer erzeugt.“ Zitiert nach Georg Brandes /Rolf Jarschel (4) und Frank Gnegel (5).

Mit unserem heutigen Wissen um die Lichtbrechung ist es nicht einfach zu verstehen, dass die Linsenwirkung früher als etwas Mysteriöses betrachtet wurde. So stellte man sich vor, dass die Linse, der magische Stein, das himmlische in ein irdisches Feuer transformiert. War das die Tat des Prometheus, die dann zum Mythos wurde? Die Feuer der Tempel mussten deshalb, quasi als Kind des himmlischen Feuers, mit Hohlspiegeln oder Quarzlinsen entzündet werden. Das Olympische Feuer wird bis heute auf diese Weise entfacht.

Rudolf Jettmar: Prometheus bringt den Menschen das Feuer

Plinius der Älterere (23–79 n. Chr.) weist auf die medizinische Anwendung der Kristalllinsen hin: „Ich fand, dass unter den Ärzten, wenn Fleisch ausgebrannt werden muss, kein anderes Mittel für so wirksam gehalten wird, wie eine Kristallkugel, die den Strahlen der Sonne entgegengestellt wird.“ (6).

Linsen für Lupen und Fernrohre?

Im Altertum, das heisst bei den Griechen, Römern, Indern und Chinesen, dürfte der Bedarf an Lupenkristallen für den Zweck der vergrösserten Sicht nicht sehr gross gewesen sein. Es gab noch keine Zeitungen mit kleiner Schrift und wahrscheinlich starben damals die meisten Menschen, bevor sich die Presbyopie bemerkbar machen konnte. Es wird jedoch in der Literatur gelegentlich auf die Gemmenschnitzer hingewiesen. Diese schufen Gravuren in kleinen Edelsteinen, oft für Siegelringe verwendet, die so fein sind, dass sich die Vermutung aufdrängt, bei der Bearbeitung der Steine könnten Lupen verwendet worden sein. Unwahrscheinlicher hingegen ist, dass schon die Assyrer astronomische Beobachtungen machten, welche nur mit vergrössernden Fernrohren möglich gewesen wären. Giovanni Pettinato, italienischer Archäologe und Historiker, vertritt allerdings genau diese Hypothese (7). In Darstellungen des dem Planeten Saturn zugeschriebenen Gottes ist dieser oft von Schlangen umringt. Das könnte, seiner Meinung nach, so gedeutet werden, dass die Saturnringe damals schon bekannt waren. Das einfachste Fernrohr entsteht, wenn zwei Lupenlinsen in geeignetem Abstand hintereinander gehalten werden. So ist die Vermutung, dass die damaligen Linsenschleifer diesen Effekt schon entdeckt hatten, nicht ganz unplausibel.

Die Sonne, eine riesige Kristalllinse

Philolaos von Croton (ca. 470–399 v. Chr.) wird, obwohl Zeitgenosse von Sokrates, als Naturphilosoph zu den Vorsokratikern gezählt. Er hatte ein astronomisches Weltbild entworfen, in dem die Planeten samt Sonne um ein Zentrum kreisen, welches er als Herd (Hestia) bezeichnete. Interessant ist, wie sich in der Menschheitsgeschichte schon früh Vorstellungen entwickelten, die uns recht modern anmuten. Die Sonderstellung der Sonne bestand allerdings bei Philolaos einzig darin, dass sie Quelle von Licht und Wärme war. Woher aber stammten diese? Nach Philo-laos ist die Sonne eine riesige Kristalllinse, welche das Licht und die Wärme des Herds, einem Brennglas gleich, sammelt und auf die Erde fokussiert (8).

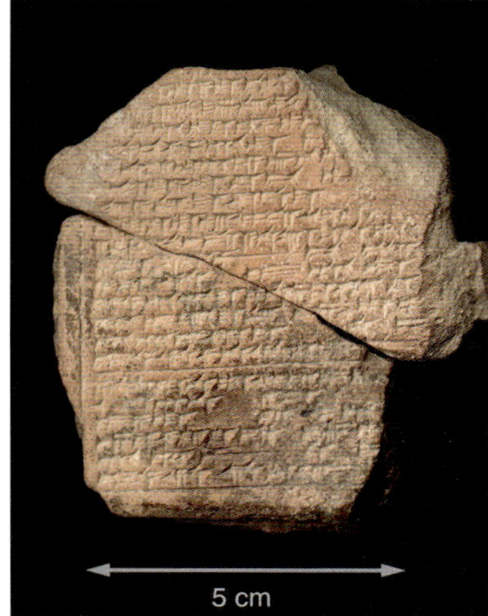

Erstes Glasrezept – Keilschrift

Assurbanipal

Optische Linsen und Glas

Die Frage, warum Linsen aus Quarzkristall und nicht aus Glas gemacht wurden, lässt sich leicht beantworten. Die ältesten Funde von Glasuren auf Tongefässen und Glasperlen in Mesopotamien datieren zurück in die Zeit um 1600 v. Chr. Die ältesten bekannten Glasgefässe stammen aus dem Grab Thutmosis II. (1481–1425 v. Chr.). Es waren Hohlgefässe für Salben und Öle. Alle diese alten Gläser waren jedoch nicht durchsichtig, bestenfalls durchscheinend. Also waren diese Gläser für optische Zwecke noch völlig unbrauchbar.

Eine der 30'000 Keilschrift-Tontafeln der Bibliothek des assyrischen Königs Assurbanipal (668–626 v. Chr.), die bei Grabungen in Ninive gefunden wurden (jetzt im Museum in Mossul; 3D-Bilder davon im Britischen Museum, London), beschreibt das älteste Rezept für die Glasherstellung: 60 Teile Sand, 180 Teile Asche aus Meerespflanzen, 5 Teile Kreide. Diese Mischung wird bei ungefähr 800 °C flüssig. Quarzsand (SiO_2), Pottasche

(K_2CO_3) oder Soda (Na_2CO_3) und Kreide ($CaCO_3$) sind noch heute die Grundsubstanzen für die Glasherstellung.

Zu Beginn unserer Zeitrechnung war Alexandria in Ägypten zu einem bekannten und wichtigen Zentrum der Glaserzeugung geworden. Man hatte entdeckt, dass durch die Zugabe von Antimon zur Glasschmelze ein deutlich klareres Glas gewonnen werden konnte. So wäre es jetzt möglich geworden, brauchbare Linsen auch aus Glas herzustellen. Doch nachdem die Glasbläser gelernt hatten, Hohlkugeln zu blasen, war es einfacher, diese Kugeln mit klarem Wasser zu füllen, um Linsen mit recht kurzer Brennweite zu erhalten. In den Questiones Naturales I,6 schreibt Seneca der Jüngere (ca. 4 v. Chr.–65 n. Chr.): „Buchstaben, klein und undeutlich, sieht man durch die Glaskugel gefüllt mit Wasser grösser und heller.“ Fokussierte man mit solchen Kugeln das Sonnenlicht in einen Punkt – den Brennpunkt – konnte man ein Feuer entfachen.

Offenbar war das zu römischen Zeiten allgemein bekannt (9). So schreibt Laktanz (Lactantius) in einer Sammlung von Argumenten gegen die Atomhypothese von Leukipp und Demokrit: „Wenn du eine Glaskugel voll Wasser an die Sonne hältst, so wird vom Licht, das aus dem Wasser zurückstrahlt, Feuer entzündet auch in der strengsten Kälte. Müssen wir denn auch im Wasser Feuer annehmen? Von der Sonne kann man ja nicht einmal im Sommer Feuer entzünden!“ Nach der alten 4-Elementenlehre waren Wasser und Feuer ja Gegensätze. Der Text zeigt, dass Lactanz wohl den Effekt der Wasserlinse kannte, ihm ein Verständnis für deren Wirkungsweise aber völlig fehlte (9). Trotzdem, solche Glaskugeln waren recht verbreitet in der griechisch-römischen Zeit (10).

Römische Hohlglaskugeln, Museum Trier – Durchmesser der Kugeln ungefähr 10 cm.

Nach römischem Muster geblasene Hohlglaskugel,
mit Wasser gefüllt als Vergrösserungsglas.

Nach römischem Muster geblasene Hohlglaskugel,
mit Wasser gefüllt als Brennglas. Das Holz entzündet sich.

Erwachende Neugier

Erstaunlich: Über viele Jahrhunderte, als die christliche Weltsicht dominierte, gab es nur wenige technische Entwicklungen und Erweiterungen der Naturerkenntnis. Im Gegenteil: Erkenntnisse gingen wieder verloren. Die Annahme, alles Seiende verdanke seine Existenz einem Schöpfergott, erstickte alle Fragen nach dem Wesen der Materie, liess alle intellektuellen Bemühungen einmünden in Versuche, diesen Gott und seinen Willen zu erforschen.

Was war es, das diese Stagnation zur Auflösung brachte? Wie kam es zur Renaissance, zur Rückbesinnung auf das griechisch-römische Erbe? Was brachte die Befreiung der Philosophie vom Primat der Theologie und erlaubte das Explorieren der bisher verbotenen Dimensionen?

War es Gutenberg mit der Erfindung des Buchdrucks 1450? War es das künstlerisch-naturwissenschaftliche Experimentieren von Leonardo da Vinci (1452–1519)? War es der Mut des Christoph Kolumbus, der 1492 mit seiner Reise nach Westen die Welt geografisch erweiterte? Waren es die Reformationsbewegungen, beginnend 1517 mit Martin Luther?

Johann Gutenberg

Leonardo da Vinci

Martin Luther

Das Eis war gebrochen. Neugier und Sehnsucht nach tieferem Verständnis der Natur erwachten. Geräte wurden nötig, um in neue Dimensionen der Erkenntnis vorzustossen.

Das Cristallo-Glas

Ungefähr 1000 Jahre nach Alexandria wird Venedig zum Zentrum der Glasmacherkunst in Europa. Sehr reine Ausgangsmaterialien (Soda, Quarzsand, Calciumcarbonat) und die Entdeckung, dass Mangandioxyd das Glas effizient entfärbt, begründeten den Ruhm des venezianischen Cristallo-Glases. Die Glasmacher auf der Insel Murano konnten das Geheimnis der Herstellung ihres hochwertigen Glases bis Mitte des 15. Jahrhunderts hüten.

Das Bleiglas

Auf der Suche nach einer Alternative zum venezianischen Cristallo-Glas entdeckte der Engländer George Ravenscroft, dass ein Glas mit einem grossen Anteil an Bleioxyd (30%) einen hohen Glanz zeigt. Dieses Bleikristallglas wurde von ihm 1674 zum Patent angemeldet. Das Glas zeigt im Vergleich zum venezianischen Cristallo-Glas (dem Kronglas) eine höhere Brechkraft und grössere Farbstreuung. Das Bleiglas ist ein Flintglas (flint engl. für Quarz).

Linsenschleifer experimentierten nun mit den Gläsern. Rudimentäre Fernrohre und Mikroskope entstanden, das heisst Geräte zur Erforschung des ganz Kleinen und des ganz Grossen (des Kosmos).

Vom Linsenschleifen zum neuen Weltbild

Von der Erde aus gesehen, vollführen die Planeten geometrisch nicht einfach zu beschreibende Bewegungen vor einem Hintergrund, der durch die Fixsterne definiert wird. Fast 2000 Jahre lang galt dafür die vom griechischen Astronomen Eudoxos postulierte Erklärung: Die Planeten bewegen sich auf kreisförmi-

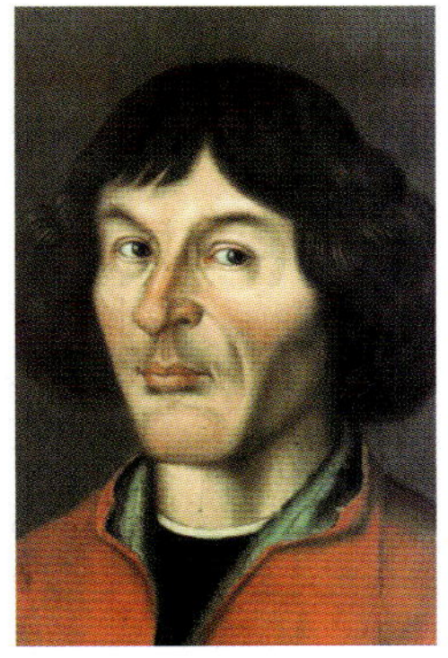

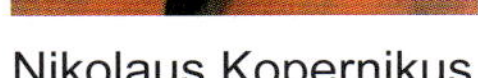

Nikolaus Kopernikus

Johann Kepler

Galileo Galilei

gen Bahnen um die Erde; dieser Grundbewegung sei aber eine weitere kreisförmige Bewegung überlagert, die sogenannten Epizyklen. Derart wäre die beobachtete Planetenbewegung zu erklären. Nikolaus Kopernikus wagte es (um 1509), ein anderes Modell in Betracht zu ziehen. Er rechnete und erkannte, wenn er die Erde sowie die Planeten um die Sonne kreisen liesse, würden diese Epizyklenbewegungen überflüssig.

Trotzdem blieben Zweifel. Die Erde war doch das Zentrum des Universums! Die „Kopernikanische Wende" wurde erst dann zur Realität, als genauere Himmelsbeobachtungen mit Fernrohren möglich wurden und man die Jupitermonde, die Venussichel und die Mondkrater beobachten konnte. Dies war zunächst mit der einfachen Fernrohrkonstruktion (je eine Linse mit positiver Brechkraft als Objektiv und Okular) von Johannes Kepler (1571–1630) möglich geworden. Dann aber auch mit dem von Jan Lipperhey entwickelten Fernrohr, welches Galileo Galilei (1564–1642) verwendete. Dieses hatte als Okular eine Linse mit negativer Brechkraft, was eine bis 30-fache Vergrösserung ermöglichte. Diese Beobachtungen waren weitere starke Argumente für das auch schon vom Griechen Aristarchos (310–230 v. Chr.) behauptete heliozentrische Weltbild.

Vom Linsenschleifen zum Atommodell

Den Linsenschleifern war bald einmal aufgefallen, dass trotz exakt geschliffener Kugelflächen das Bild, erzeugt von einer Einzellinse, nicht völlig scharf war. Besonders fielen Farbsäume um die Bildelemente auf. Diese Erscheinung führte zur Entdeckung, dass sich weisses Licht aus dem ganzen Farbspektrum zusammensetzt, den Farben des Regenbogens. Es war Joseph von Fraunhofer, welcher es sich zur Aufgabe gemacht hatte, dieses für die Hersteller der optischen Instrumente sehr störende Phänomen genauer zu untersuchen.

Fraunhofer hatte 1813 eine vom Schweizer Optiker Pierre Louis Guinand im Kloster Benediktbeuren aufgebaute optische Glasschmelze übernommen. Die hohe Qualität der dort hergestellten Gläser, auch deren Homogenität erlaubte es ihm, mit genau geschliffenen Prismen das Farbspektrum weit aufzufächern. Die primäre Absicht war, den Effekt verschiedener Glassorten auf die Dispersion genauer zu untersuchen und zu vermessen. Bei diesen Untersuchungen fielen ihm diskrete dunkle Linien im ansonsten kontinuierlichen Farbspektrum des Sonnenlichts auf. Diese Linien, so fand Fraunhofer 1814, sind in ihrer Lage

Sonnenspektrum mit Fraunhoferschen Linien

Joseph von Fraunhofer

von der Art des leuchtenden chemischen Elements abhängig. So führte die Spektralanalyse zur Entdeckung noch fehlender Elemente im Periodensystem. Die von Johann Jakob Balmer 1885 gefundene Gesetzmässigkeit, welche die Lage der Linien im Spektrum des Wasserstoffs beschrieb, wurde später zu einer wichtige Bestätigung für das 1913 von Nils Bohr vorgeschlagene Atommodell. Beides, die Spektralanalyse und das Bohr'sche Atommodell, brachten der Chemie einen gewaltigen Entwicklungsschub.

Geburt der Fotografie

Eine Betrachtung zur Geschichte der Bilderzeugung muss eigentlich die Lochkamera an den Anfang setzen. Erste Erwähnung derart erzeugter Abbildung finden wir beim chinesischen Philosophen Mozi (ca. 470–391 v. Chr.) (11) und bei Aristoteles (384–322 v. Chr.) (12). Die Entstehung eines auf dem Kopf stehenden Abbildes der Aussenwelt in einem Raum mittels eines kleinen Lochs in einer Wand wurde erstmals von Alhazen (Abu Ali al-Hasan ibn al-Haitham) in seinem Kitab-al-Manazir (Buch der Optik) von 1021 untersucht und beschrieben (13). Dabei stellte er fest (was uns banal erscheint), dass Lichtstrahlen geradlinig verlaufen müssen. Er sah auch die Ähnlichkeit dieses Abbildungssystems mit dem Aufbau der Augen. Er erkannte jedoch noch nicht die Funktion der Netzhaut. Dies blieb Leonardo da Vinci vorbehalten, der ebenfalls mit der Lochkamera experimentierte.

Girolamo Cardanus (1501–1576) beschreibt in seinem Werk „De subtilitate libri“, dass er die Lochkamera mit einer kleinen bikonvexen Linse ausstattete. Die Camera obscura, wie das Gerät jetzt genannt wurde, lieferte so nicht nur ein deutlich helleres, sondern auch schärferes Bild.

Johann Zahn (1641–1707) verbesserte die Camera obscura, indem er 1686 ein transportables Modell mit einem Spiegel konstruierte, der im Winkel von 45 Grad das Bild nach oben auf eine Mattscheibe projizierte. Das dabei aufrechtstehend erscheinende Bild konnte leicht auf halbdurchsichtiges Papier kopiert werden. Diese Camera, die naturgemäss ein Bild mit perfekter Zentralperspektive liefert, wurde von den Malern jener Zeit sicher oft als Zeichenhilfe genutzt. Man konnte mit ihr die Landschaft auf Papier abmalen und dabei alle Proportionen richtig

Mozi

Aristoteles

Alhazen

Johann Zahn

Camera obscura in Aktion

Jan Vermeer, Ansicht von Delft

Canaletto, Marktplatz Dresden

Canaletto (Bernardo Bellotto)

Joseph Nicéphore Niépce

Diese Bild, „Point de vue du Gras“, gilt als die erste Fotografie. Sie gelang 1826 Joseph Nicéphore Niépce.

Das von Helmut Gernsheim retouchierte Original.

wiedergeben. Kunsthistoriker sind der Meinung, dass bereits der holländische Maler Jan Vermeer die Hilfe einer Camera obscura in Anspruch genommen hat, was den Detailreichtum seiner Werke erklären würde. Weitere Beispiele sind die Gemälde von Dresden und Warschau des Malers Canaletto.

Die Camera obscura, mit einer Linse als Auge, bedurfte noch des zeichnenden Künstlers. Was jetzt noch fehlte, war ein Medium, bei dem das Licht selbst würde zeichnen können. Eine lichtempfindliche Schicht war gesucht. Erste Erfolge hatte 1816 Joseph Nicéphore Niépce, als er mit Materialien experimentierte, die bei Belichtung verharzen. Auf einer solchen lichtempfindlichen Schicht, die erst das „Schreiben mit Licht“ – das Fotografieren – ermöglichte, erblickte im August 1826 nach vielstündiger Belichtung erstmals eine Fotografie durch das Auge einer Kamera das „Licht der Welt“. Der eigentliche Durchbruch erfolgte 25 Jahre später, als Louis Jacques Mandé Daguerre in Fortführung der Experimente von Niépce mit Silberschichten deutlich erfolgreicher war.

Zurück zu den Linsenschleifern

Nachdem die unterschiedliche Farbdispersion und Brechkraft von Flint- und Krongläsern bekannt war, wurden durch geeignete Kombinationen der beiden Glastypen deutliche Verbesserungen der Instrumente erzielt. Zum Beispiel ergab eine bikonvexe Kronglaslinse (kleiner Brechungsindex = geringe Dispersion), gefolgt von einer konkav-konvexen oder plankonkaven Flintglaslinse (höherer Brechungsindex = starke Dispersion) ein besseres Abbild.

Charles Chevalier war Linsenschleifer und Produzent von Teleskopen und Mikroskopen. Daguerre erhielt vom ihm eine kombinierte, durch Verkittung optimierte Linse für seine Experimente. Dieses erste, zweilinsige fotografische Objektiv entwarf bei dem recht kleinen Öffnungsverhältnis von etwa 1:12 ein leidlich scharfes Bild. Wegen der geringen Lichtstärke und der noch nicht empfindlichen zu belichtenden Schichten waren immer noch sehr lange Belichtungszeiten nötig (in der Grössenordnung von ca. 30 Minuten).

Mit Beginn des fotografischen Zeitalters eröffnete sich für die Linsenschleifer nach Tele- und Mikroskopen ein drittes Tätigkeitsfeld, dasjenige der Kameraobjektive. Die experimentierenden Linsenschleifer waren mit ihren Methoden jedoch bald am Ende ihres Lateins. Die nächsten Entwicklungsschritte kamen von einer anderen Seite.

Mathematische Beschreibung der Lichtbrechung

Lichtstrahlen erfahren eine Ablenkung, wenn sie von einem Medium geringerer Dichte, zum Beispiel Luft, in ein solches höherer Dichte, zum Beispiel Wasser, eindringen (natürlich auch umgekehrt). Die Ablenkung oder Brechung ist von der Grösse des Einfallswinkels abhängig. Der arabische Mathematiker und Physiker Abu Sad al-Ala Ibn Sahl, kurz Ibn Sahl genannt, lebte Ende des 10. Jahrhundert in Bagdad. Er hatte entdeckt, in welcher Beziehung die Winkel des einfallenden und des ausfallenden Lichtstrahls zueinander stehen (Brechungsgesetz). Diese frühe Leistung aus dem arabischen Kulturkreis geriet leider in Vergessenheit. Sie konnte erst 1990 rekonstruiert werden, nachdem es dem Historiker Roshdi Rashed gelang, die Abhandlung von Ibn Sahl aus Fragmenten, die in Damaskus und Teheran verwahrt wurden, zu rekonstruieren (14).

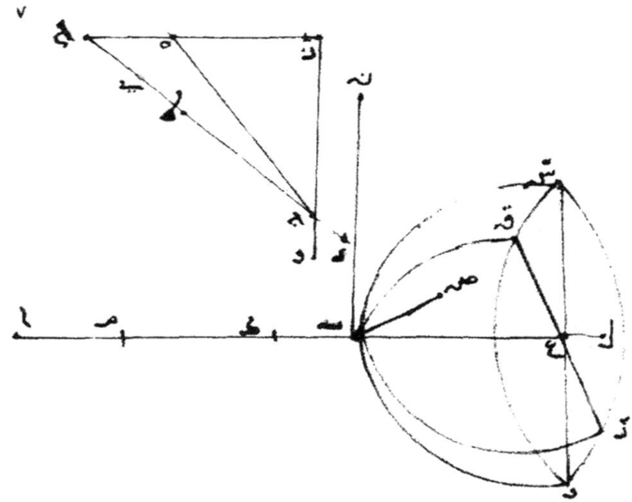

لانه ان ماسه عليها سطح مستو غيره فلان هذا السطح يقطع سطح بز ص
على نقطة ب فلا بد من ان يقطع احد خطي ب ن ب ص فليكن ذلك
الخط ب ص والفصل المشترك بين هذا السطح وبين سطح قطع ق ر
خط ب ش فلان هذا السطح يماس بسيط م ب على نقطة ب فخط
ب ش يماس قطع ق ب د على نقطة ب وكذلك خط ب ص وهذا محال
فلا يماس بسيط م ب على نقطة ب سطح مستو غير سطح م ب ن ص ○

Ibn Sahl: Ableitung des Brechungsgesetzes

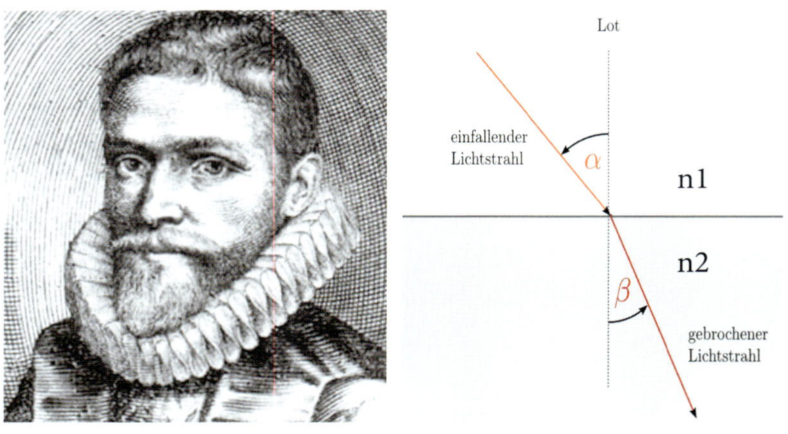

Willebrordus Snell, auch Snellius   Lichtbrechung

Erst 1621, also etwa sechs Jahrhunderte nach Ibn Sahl, formulierte der Holländer Snellius (Willebrord van Roijen Snell) abermals das Brechungsgesetz:

$$\sin \alpha / \sin \beta = K \qquad K = n1 / n2$$

K ist eine Konstante. Genauer gesagt, der Quotient der Brechungsindexe n1 und n2 der beiden Medien, wobei das Medium mit dem höheren Brechungsindex als optisch dichter bezeichnet wird. Wie man heute weiss, korreliert die optische Dichte mit der Lichtgeschwindigkeit im Medium. Das Vakuum hat die optische Dichte 0. Die Vakuum-Lichtgeschwindigkeit c_O beträgt rund 300'000 km/s. Es gilt die interessante Beziehung: Der Quotient c_O /n ist die Lichtgeschwindigkeit im Medium mit dem Brechungsindex n.

Mit dem Brechungsgesetz war die Basis gelegt, um eine mathematische Theorie für optische Systeme zu entwickeln. Trotzdem vergingen nach Snellius noch mehr als 200 Jahre, bis die Zeit der pröbelnden linsenschleifenden Optiker definitiv zu Ende ging.

Joseph Maximilian Petzval, 1854

Philipp Ludwig von Seidel

Pioniere der geometrischen Optik

Josef M. Petzval (1807–1891), Philipp Ludwig Ritter von Seidel (1821–1896) und später Ernst Abbe (1840–1905) waren die Pioniere, welche die Abbildungsfehler der realen Einzellinse zu eliminieren beziehungsweise zu minimieren suchten. Und zwar wie dies die experimentierenden Optiker schon versucht hatten, durch Kombinationen von Linsen mit verschiedenen Radien und Dicken sowie unterschiedlichen Abständen, die aus Gläsern verschiedener Brechzahlen und Farbdispersionen zu schleifen waren. Im Gegensatz zu den pröbelnden Linsenschleifern der Vergangenheit versuchten sie das Problem jedoch mit den Methoden der Mathematik anzugehen.

Die Arbeiten von Petzval, die leider verloren gegangen sind, und diejenigen von Seidel brachten zunächst eine Einsicht in die verschiedenen Aberrationen, die sogenannten Abbildungsfehler einer einfachen Linse. Eine ideale Linse würde von einem Bild ein exakt identisches Abbild erzeugen. Jedem Punkt des Bildes entspräche ein Punkt im Abbild, mit genauer Entsprechung auch seiner Lage und Farbzusammensetzung. Das Berechnen des Verlaufs von Strahlenbündeln durch eine einfache Linse zeigt jedoch: Ein Abbild, welches von einer realen Linse mit Kugelflächen erzeugt wird, entspricht keineswegs einer idealen Abbildung. Es wurden für monochromatisches Licht fünf Abweichungen von einer solchen gefunden:

Die fünf Seidelschen Abbildungsfehler

I. Die sphärische Aberration

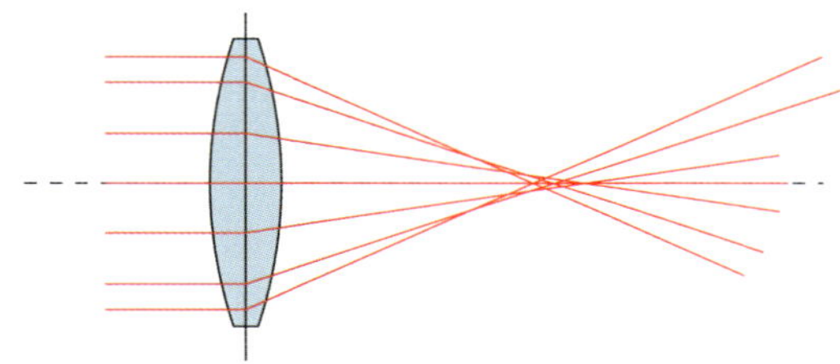

Diese bezeichnet das Phänomen, dass achsenparallel auf die Linse treffendes Licht (von einem unendlich weit entfernten Punkt herkommend) nicht genau in einem Punkt wieder vereinigt wird. Die achsenferneren Strahlen werden etwas stärker gebrochen, als die achsennahen. Das Abbild: ein Scheibchen.

II. Die Koma (Asymmetriefehler)

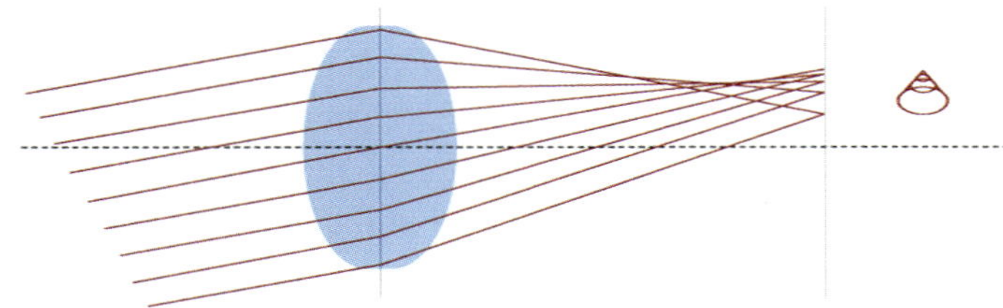

Strahlen, von einem im Unendlichen liegenden Punkt her kommend, der aber nicht auf der optischen Achse liegt, werden nicht in einem Punkt vereinigt. Das Abbild: komaförmig.

III. Der Astigmatismus

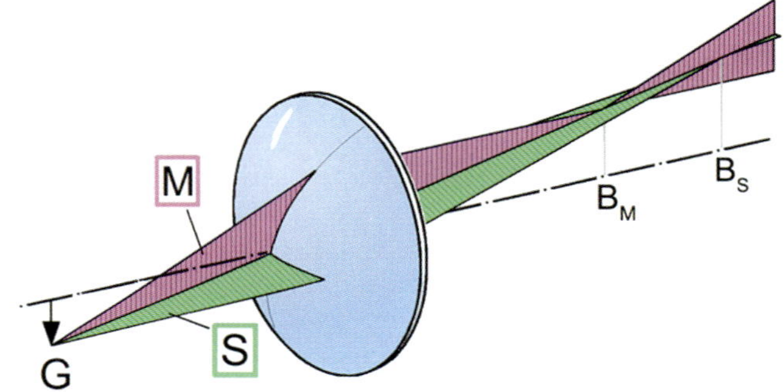

Ein Strahlenbündel, welches von einem Punkt ausgehend schräg auf eine Linse trifft, hat für alle auftreffenden Durchmesser unterschiedliche Bedingungen! Als Extreme unterscheidet man dabei die Strahlen, welche in der saggitalen (S) und in der meridionalen (M) Ebene verlaufen. Auch hier erfolgt keine exakte Vereinigung.

IV. Die Bildfeldwölbung

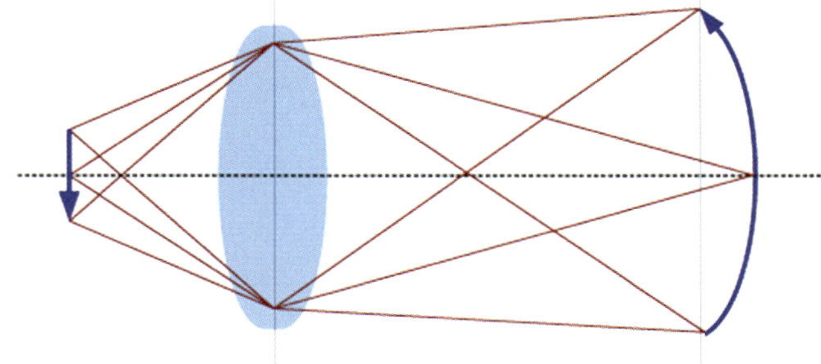

Des Weiteren trifft es nicht zu, dass ein in einer Ebene liegendes Bild als Abbild ebenfalls wieder in einer Ebene zu liegen kommt. Das Bildfeld ist gekrümmt.

V. Die Verzeichnung

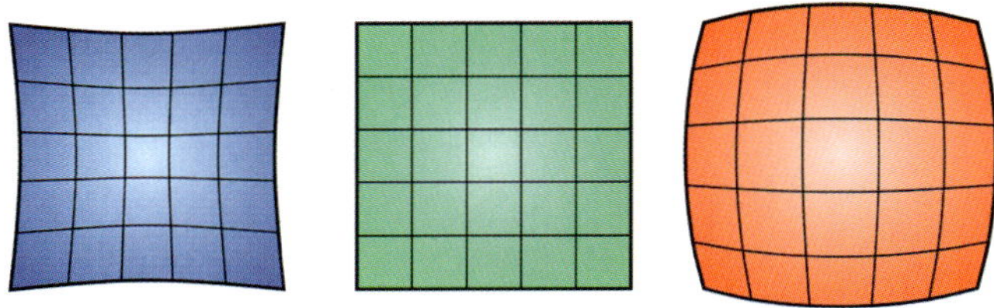

Je nach Linsentyp wird ein Rechteck nicht als Rechteck abgebildet. Eine Verzeichnung wie im blauen Beispiel wird kissenförmig, eine solche wie im roten Beispiel wird tonnenförmig genannt.

Die chromatische Aberration

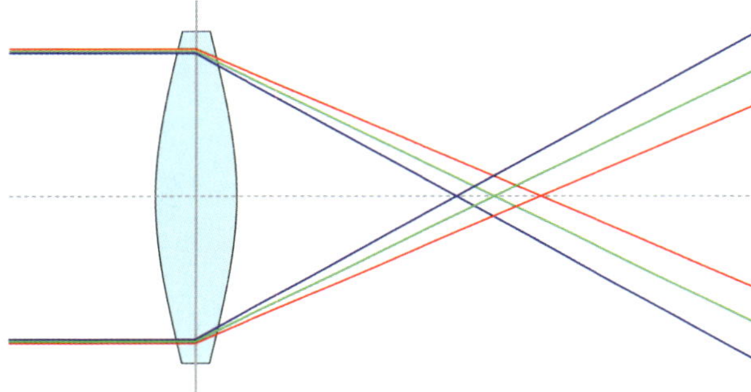

Sphärische Aberration, Koma und Astigmatismus sind bei farbigem Licht gleichzeitig auch mit chromatischer Aberration behaftet. Dies deshalb, weil Gläser für Licht verschiedener Wellenlängen verschiedene Brechkraft haben.

Die Mathematiker standen vor der Aufgabe, durch geeignete Kombination optischer Elemente Systeme zu entwickeln, in denen diese Seidelschen Abbildungsfehler minimiert wären.

Prinzipiell wäre dies möglich durch das Aufstellen von Gleichungssystemen, bei denen die Ausgangspunkte von Lichtstrahlen und die Punkte ihrer Wiedervereinigung im Bild gegeben sind, und alle optischen Parameter Unbekannte. Es zeigte sich schnell, dass ein solches System von Gleichungen bei schon wenigen optischen Elementen mit den entsprechend vielen Unbekannten nicht lösbar ist.

Den Mathematikern blieb nur die Möglichkeit, durch Vorannahmen die Anzahl der Unbekannten auf ein erträgliches Mass zu reduzieren, um dann in einem langwierigen Prozess durch Iteration ein System zu optimieren.

Philipp Ludwig von Seidel hatte sich intensiv mit den Möglichkeiten zur rechnerischen Lösung des Problems befasst. 1857 publizierte er eine Arbeit mit dem Titel „Über die Theorie der Fehler, mit welchen die durch optische Instrumente gesehenen Bilder behaftet sind, und über die mathematischen Bedingungen ihrer Aufhebung".

Mit mathematischer Methode errechnetes Objektiv

Josef Maximilian Petzval, Zeitgenosse von Seidel, war Professor für Mathematik und Physik an der Universität Wien. Er war angeregt worden, ein Objektiv zu entwickeln, und zwar nicht durch Pröbeln, sondern mit wissenschaftlicher Methodik. Ebenso wie Seidel machte er sich Gedanken über die mathematischen Möglichkeiten der Optimierung eines optischen Systems. Leider ging die Schrift, die er dazu verfasste, verloren, nicht jedoch das Resultat seiner Bemühungen: das Erste mit Hilfe mathematischer Überlegungen und Hilfsmittel entwickelte Objektiv. Er präsentierte 1840 ein vierlinsiges, ungefähr blendensymmetrisches Objektiv. Es war mit einem Öffnungsverhältnis von

1:3.5 recht lichtstark, mit offenbar recht guter Korrektur bis zu einem Bildwinkel von ±10 Grad. Mit diesem relativ lichtstarken Objektiv und guter achsennaher Korrektur der Bildfehler verkürzten sich – in Kombination mit der von Daguerre entwickelten Technik – die Belichtungszeiten von den erwähnten dreissig Minuten auf weniger als eine Minute, was es erstmals erlaubte, Porträtaufnahmen zu machen. Diese wurden denn zunächt auch zum wichtigsten Tätigkeitsgebiet der ersten Fotografen. Wegen dieser seiner ersten Verwendung und auch wegen der für diese Anwendung optimalen Brennweite ist dieser Konstruktion bis heute die Bezeichnung „Petzval'sches Porträtobjektiv" geblieben. Das annähernd symmetrische Objektiv besteht aus zwei Kronglas-Sammellinsen und zwei Flintglas-Menisken, wobei nur die objektseitige Doppellinse verkittet (verklebt) ist.

Der Wissenschaftler Josef Petzval war, wie dies oft bei Forschern, Erfindern und Tüftlern ist, kein Geschäftsmann: Für seine Erfindung hatte er es verpasst, ein Patent zu beantragen. Vielmehr verkaufte er die Konstruktionsdaten für 2000 Gulden (was damals immerhin dem ungefähren Jahressalär eines Professors entsprach) seinem Freund, dem Fabrikanten Peter Wilhelm Friedrich von Voigtländer. Der Verkaufserfolg war dann sehr gross, was nicht vorauszusehen gewesen war. Offenbar war Voigtländer nicht bereit, Petzval an diesem Erfolg teilhaben zu lassen, was diesen begreiflicherweise sehr erzürnte und zum Bruch der Beziehung führte.

Das Petzval'sche Objektiv (Porträt-Linse)

Die Logarithmen

Es muss noch angemerkt werden, dass der grosse rechnerische Aufwand, den Petzval und seine Gehilfen hatten, nur zu bewältigen war durch Zuhilfenahme von Logarithmen. Die Logarithmentafel war zwischen 1603 und 1620 von den Mathematikern Jost Bürgi und John Napier errechnet worden. Mit ihrer Hilfe können Berechnungen sehr vereinfacht werden, da Multiplikationen und Divisionen auf Additionen und Subtraktionen zurückgeführt werden. Für solche Berechnungen waren natürlich auch die tabellierten Sinuswerte mit zugehörigen Winkel nötig.

Jost Bürgi

John Napier

Louis Jacques Mandé Daguerre, durch das Petzval'sche Porträtobjektiv gesehen

Aufnahme um 1844 von
Jean-Baptiste Sabatier-Blot
im Daguerrotypieverfahren.

Das Bild befindet sich im Museum
„George Eastman House“,
Rochester, New York.

Das Original weist Kratzer und Flecken auf.
Diese wurden entfernt.

Carl Zeiss

Ernst Abbe

Otto Schott

Carl Zeiss – Ernst Abbe – Otto Schott

Carl Zeiss baute als Mechaniker Mikroskope. Die Objektive und Okulare waren, wie zu jener Zeit üblich, durch Ausprobieren entwickelt worden. Die Resultate waren nicht sehr befriedigend. So wandte sich Zeiss um 1866 an den Physiker und Mathematiker Ernst Abbe. Dieser war interessiert und versuchte, wie vor ihm Petzval für eine Fotooptik, der Mikroskopoptik ein wissenschaftliches Fundament zu geben. Ein erster Misserfolg führte zur Erkenntnis, dass die Apertur, so heisst die kleine Öffnung des Mikroskopobjektivs, nicht zu klein sein darf, da sonst Beugungserscheinungen (wegen der Wellennatur des Lichts gemäss Huygens) auftreten, die das Bild verschleiern. Das gab Abbe den Anstoss, eine Theorie des Mikroskops zu entwickeln, was zu einem Qualitätssprung bei diesen Geräten führte und eine Basis des Zeissschen Erfolgs war. Für Abbes rechnerische Arbeit zur Verbesserung der Qualität von Okular und Objektiv war das damalige magere Angebot an optischen Gläsern ein Handicap.

Abbe konnte den Glashersteller Otto Schott ins Boot holen. 1884 wurde das „Glastechnische Laboratorium Schott und Genossen“ gegründet. Otto Schott, aus einer lothringischen Glasmacherfamilie stammend, Chemiker und Glastechniker, erforschte systematisch die Abhängigkeit der physikalischen Eigenschaften eines Glases von seiner Zusammensetzung. So stand bald ein Katalog mit 50 Glassorten verschiedenster Dispersion und Brechkraft zur Verfügung.

Schotts Forschungen waren grundlegend für die Herstellung der optischen sowie vieler weiterer Spezialgläser.

Von Abbes Erkenntnissen profitierten auch die Konstrukteure, die sich um fotografische Objektive bemühten. Sie profitierten aber auch von der sozialen Einstellung Abbes. Nach dem Tod von Carl Zeiss war er Inhaber der Firma geworden, welcher er 1889 die Form einer Stiftung gab: die Carl-Zeiss-Stiftung.

Nach Petzval waren von verschiedenen Konstrukteuren Objektive für fotografische Zwecke entwickelt worden, meist korrigiert für einen engen Winkel und mit noch geringer Lichtstärke. Im Folgenden ein Beispiel.

Das Tessar

Schon 1886 war Paul Rudolph als Abbes Assistent für Zeiss tätig geworden. 1902 wurde ein von ihm entwickeltes vierlinsiges Objektiv zum Patent angemeldet; zunächst mit einem Öffnungsverhältnis von 1:5.5 (15). Es sollte unter dem Namen Tessar (griechisch: tessares = vier) als relativ einfache, kostengünstige Konstruktion auch in späteren Zeiss-Produkten Verwendung finden,

Wie bei der Objektivkonstruktion von Petzval sind auch hier zwei sammelnde Glieder aus Kronglas mit zwei streuenden Gliedern aus Flintglas kombiniert. Das Tessar sieht dem Petzval-Objektiv auch recht ähnlich, wenn man Bild- und Objektseite vertauscht.

Ernst Wandersleb, welcher nach Paul Rudolph ebenfalls als Assistent von Abbe bei Zeiss tätig wurde, konnte später das Tessar weiter verbessern und dessen Lichtstärke, wohl wegen neuen optischen Gläsern, auf 1:4.5 steigern. Paul Rudolph verliess 1911 die Firma Zeiss, offenbar wegen „Streitigkeiten" um Lizenzgebühren.

Dr. Paul Rudolph

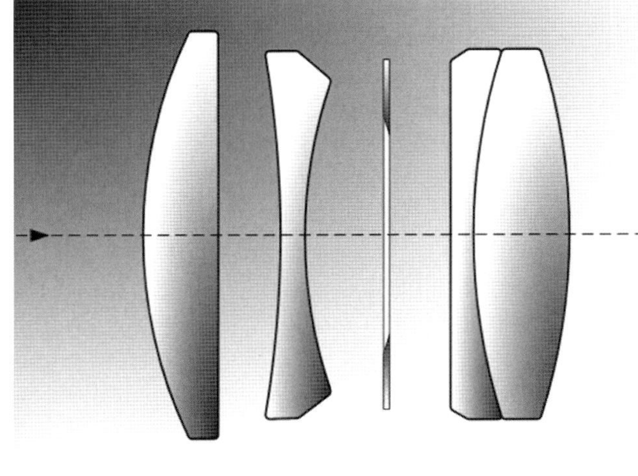

Das Tessar-Objektiv

Ernst Wandersleb

Teil 2: Ludwig Jakob Bertele

Seine Jugend

Die Ausbildung – der Autodidakt

Der Erste Weltkrieg und der kurze Militäreinsatz

Der Optikingenieur

Die Erfolge

Zweiter Weltkrieg

Neuanfang in der Schweiz

Spitzenleistungen

Ehrungen

Kindheit und Jugend

Ludwig Jakob Bertele (LJB) wurde am 25. Dezember 1900 in München geboren.

Zusammen mit zwei jüngeren Schwestern verbrachte er in München die Kindheit. In den Ferien war er immer wieder auf dem Hof der Grosseltern in Doldenhausen bei Mindelheim. Hier musste er, wie damal üblich, auf dem Feld und im Stall mithelfen. Wie er später berichtete, gefiel ihm das einfache Landleben.

Sein Vater, eine Künstlernatur, hatte ursprünglich eine Schreinerlehre absolviert. Seine Fantasie und sein zeichnerisches Talent liessen ihn nach München ziehen, wo er sich eine Existenz als Innenarchitekt mit Möbelentwürfen im Stil der damaligen Zeit aufzubauen suchte. Das so erzielte Einkommen genügte nur knapp, um die Familie mit den drei Kinden zu unterhalten.

Die Mutter, eine Schneiderin, kompensierte das finanzielle Manko so gut wie möglich mit viel Arbeit an der Nähmaschine. Die oft prekäre finanzielle Situation der Familie schloss für LJB nach dem Ende der Sekundarschule den Übertritt in ein Gymnasium von vornherein aus – wie sehr er sich das auch gewünscht hatte. Dieser Verzicht und das Erleben der schwer arbeitenden Mutter – sie sass oft bis tief in die Nacht an der Nähmaschine – schmerzten. Wie LJB gelegentlich erzählte, stand er später sogar kurz vor dem Entschluss, der kommunistischen Bewegung beizutreten. Doch der Ehrgeiz, aus eigener Kraft den Ausstieg aus den beengenden Verhältnissen zu schaffen, war stärker.

Dabei mag ihm die eher strenge Mutter, welche ihrer Profession entsprechend in der Erziehung ihrer Kinder sehr auf Genauigkeit, Sauberkeit und Disziplin achtete, geholfen haben, eine entsprechene Haltung zu entwickeln. Anderseits war da der eher leichtlebige künstlerisch-kreative Vater, von dessen Charakter er wohl auch einen ordentlichen Teil mitbekommen hatte. Selbstdisziplin in hohem Masse und ein künstlerisch-kreatives Potenzial waren wohl die Grundlage seiner späteren Erfolge.

Die Familie in der Wohnung an der Trappentreustrasse in München. Ludwig auf dem Schoss der Mutter, Ella, die ältere der beiden Schwestern, beim Vater.

Bild oben: Klein-Ludwig beim Fotografen, der ihn in einem Kaminfegerkostüm in Szene gesetzt hatte.

Bild rechts: Die Erstkommunion. Ludwig 7- oder 8-jährig.

Das alte Rodenstockgebäude in München – Arbeitsort des Lehrlings.

LJB als Lehrling

Rückblickend war es ein Glücksfall, dass die Firma „Optische Werke Rodenstock“ einen Lehrling als Rechner für die Abteilung Optik-Entwicklung suchte. Man kann davon ausgehen, dass es ein Flair für das Gebiet der Mathematik war, welches den jungen LJB bewog, sich für diese Ausbildung zu bewerben. Nach zehn Schuljahren war dies Anfangs 1916.

Dr. Paul Feiler war ein Schulfreund aus der Zeit, da beide die Ludwig-Oberrealschule an der Ettstrasse in München besuchten. Nach einem Treffen der ehemaligen Klassenkameraden 1971 im Löwenbräu-Keller schrieb dieser einen Brief an Ludwig. Darin drückt er sein Bedauern aus, ihn bei diesem Anlass nicht getroffen zu haben und dass er gerne zurückdenke an den gemeinsamen Schulweg durch die Bayerstrasse. Weiter erinnere er sich, dass Ludwig schon damals „begeisterter Mathematiker aus der Schule Thalreiter“ war und zu Rodenstock wollte.

Recherchen zeigen, dass Dr. Franz Thalreiter tatsächlich ein Mathematiker war. War er Lehrer an der Ludwig Kreisrealschule oder wurde dort ein Lehrmittel von ihm verwendet?

Sein Chef bei Rodenstock war ein Herr Hoffman. Dieser betrachtete die Entwicklung eines optischen Systems, das heisst, das Minimieren der Aberrationen, als mathematische Aufgabe, welche über die Seidelschen Gleichungssysteme zu lösen wäre. Die über sein Formelsystem eruierten Linsenparameter sollten auf Stimmigkeit getestet werden. Dies geschah durch ein genaues Errechnen des Verlaufs von Strahlen verschiedener Aperturen und Einfallswinkel. Das Durchrechnen der Strahlen war Aufgabe des Lehrlings. Hilfsmittel war Logarithmentafel und Sinustabelle: ein recht mühsames Geschäft.

LJB merkte bald, dass sein Chef, der Herr Hoffman, mit den komplizierten Seidelschen Formeln irgendwie auf dem Holzweg war. Die Fortschritte bei der Entwicklung eines einfachen Systems waren erschreckend langsam (1). Hoffman war aber nicht bereit, mit dem interessierten Lehrling über diesen seinen Ansatz zu sprechen. So informierte sich LJB mittels der vorhandenen Literatur selbst über die Seidelschen Formeln. Dabei kam er zur Erkenntnis, dass, obwohl theoretisch interessant, die Sache nicht wirklich praxistauglich ist. Der Seidelsche Ansatz war dem Lehrling viel zu wenig anschaulich. Aus dieser Einsicht entstand die Idee, dass es Erfolg versprechender sein könnte, durch systematische Untersuchungen ein vertieftes Verständnis für die Effekte der einzelnen Parameter eines Linsensystems zu gewinnen. Das könnte es möglich machen, durch dosierte Variation der Variablen ein System zu optimieren (1). Diese „Methode der Anschauung“ entwickelte LJB wohl erst ansatzweise in seiner Zeit bei Rodenstock. Die allgemeine Ansicht war die, wie sie von Karl Schwarzschild (2) etwa 1905 formuliert wurde: „Da man bei der strengen Verfolgung eines Strahls durch ein optisches System schon bei wenigen brechenden Flächen jeden Überblick verliert, so gründet sich die Theorie der optischen Instrumente fast ganz auf Reihenentwicklungen.“ Diese Ansicht

Der Lehrling am Arbeitsplatz in seinem Zimmer. Im Hintergrund eine Rodenstockwerbung mit Feldstecher. Auf dem Schreibtisch rechts sein eigener Rodenstock-Luminarfeldstecher.

war den Optikkonstrukteuren zum Dogma geworden. LJB wagte es, seinen eigenen Weg zu gehen.

LJBs Methode der Objektiventwicklung

Die Abkehr von der Seidelschen Methode war recht mutig. Es ist tatsächlich so, dass es einem schwindlig werden muss, wenn man die vielen Parameter betrachtet, die schon bei einem einfachen optischen System variiert werden können und die sich alle in ihrer Wirkung dann auch gegenseitig wieder beeinflussen. Mit diesem Wissen im Hintergrund erstaunt es, dass der junge Optikforscher es wagte, sich von der konventionellen Methode zu verabschieden und seine eigene „Methode der Anschauung" zu entwickeln. Die späteren Erfolge gaben ihm Recht. LJB entwickelte mit der Zeit eine so vertiefte Einsicht in die Wirkungsweise der Komponenten eines optischen Systems, dass es ihm gelang Konstruktionen zu realisieren, welche mit Sicherheit durch das Seidelsche Formelsystem nicht hätten erschlossen werden können.

Der Militärdienst

Die Ausbildung bei Rodenstock fiel in die Zeit des Ersten Weltkriegs. Nachdem Alexander Rodenstock für den Lehrling zunächst eine Freistellung vom Militärdienst erwirken konnte, wurde er gegen Ende 1918 doch noch eingezogen.

LJB hatte keine Lust, den Heldentod fürs Vaterland zu sterben und ersann eine List. Als Brillenträger mit einer Brille von vier bis fünf Dioptrien liess er sich von Kollegen bei Rodenstock eine Brille von elf bis zwölf Dioptrien anfertigen. Der Militärarzt war offenbar erschüttert von der starken Korrektur und LJB wurde einer Sonderabteilung zugeteilt. Diese sollte hinter der Front Richtungsmessungen des Schalls erproben, mit dem Ziel, feindliche Geschütze genau zu lokalisieren. LJB landete aber bald im Lazarett. Nicht wegen einer Verwundung, sondern wegen der damals grassierenden Spanischen Grippe. LJB erzählte später, dass viele der Mitpatienten im Lazarett starben. Er erholte sich glücklicherweise. Wieder genesen, war der Krieg bald zu Ende und LJB beendete seine Ausbildung bei Rodenstock.

Firmenwechsel von München nach Dresden

Dr. August Klughard, der bei Rodenstock hauptsächlich Brillengläser gerechnet hatte (1), wechselte nach Kriegsende zur Ernemann AG in Dresden. Die Firma war spezialisiert auf die Konstruktion und Herstellung von Filmprojektoren. Schon bald, nach Abschluss seiner Ausbildung, erhielt LJB von Dr. Klughard, jetzt Leiter der Optik-Entwicklungsabteilung, die Einladung, ebenfalls nach Dresden zu kommen. Das war Ende 1919. Klughard hatte das Potenzial des jungen Optikrechners erkannt. Er selbst war mehr am Musizieren interessiert. Ein kluger Optikrechner konnte recht nützlich sein, und LJB enttäuschte nicht.

Der optische Ausgleich

Bei der Projektion von Filmen müssen pro Sekunde mindestens 16 Bilder gezeigt werden, damit wir nicht mehr Einzelbilder wahrnehmen, sondern die Illusion einer kontinuierlichen Bewegung entsteht. Der Ablauf dabei ist: Projektion eines Bildes, danach schnelle Bewegung des Films zum nächsten Bild, kurzer Stillstand, wieder Wechsel und so weiter. Da die Bewegung des Bildwechsels aber nicht sichtbar sein darf, muss ein Mechanismus, das sogenannte Malteserkreuz, während dieser Phase die Projektion unterbrechen. Es ist klar, dass die sich beim Tonfilm sogar 24 Mal pro Sekunde wiederholende, ruckartige Bewegung des Films recht stressig ist für das Material. Dies war denn auch immer wieder Ursache eines Filmrisses während den Vorführungen, was in der Folge gelegentlich sogar zu Bränden führte. Leicht entflammte dann nämlich das Zelluloid des Films unter der starken Wärmeabstrahlung der hellen Lichtquelle des Projektors.

Dem genialen Mechaniker Emil Mechau (3) war es gelungen, nach einer etwa zehnjährigen Entwicklungszeit 1921 einen perfekt funktionierenden Projektor vorzustellen. Bei diesem konnte der Bildwechsel über ein raffiniertes Spiegelsystem, dem sogenannten optischen Ausgleich, bei konstanter Geschwindigkeit des sich bewegendem Filmes vollzogen werden. Das System hatte mehrere Vorzüge gegenüber den Normalprojektoren, bei welchen der Film nach jeder Bildprojektion ruckartig weiterbewegt wurde. Die kurzzeitige Abdunkelung des Lichtstrahls während des Weitertransports wurde besonders bei langsamem Bildwechsel als unangenehmes Flackern empfunden. Die Periode der Abdunkelung entfällt beim optischen Ausgleich: Der Bildwechsel erfolgt nicht abrupt. In dem Mass, wie ein vorhergehendes Bild sich abschwächt, verstärkt sich das nachfolgende. Die Projektion wurde deutlich heller. Die gleichförmige Bewegung reduzierte auch deutlich die Häufigkeit von Filmrissen.

Der Projektor-Produzent Ernemann stand jetzt unter dem Druck, auch einen optischen Ausgleich zu entwickeln. Patente aus den Jahren 1921 bis 1923 (4) sind Zeugen dieser Bemühungen. Sollte ein dem Mechau-Projektor überlegenes Gerät entwickelt werden, war vor allem auch ein lichtstarkes Objektiv mit exzellenter Schärfe gesucht. Projektionsobjektive waren damals nur in Hinblick auf hohe Lichtstärke entwickelt worden.

LJB war, wie er in einem vom 03.10.1945 datierten Lebenslauf erwähnt, selbst an der Planung und Konstruktion des optischen Ausgleichs beteiligt. In welchem Mass, lässt sich nicht mehr eruieren. In den entsprechenden Patenten wird nur die Firma Ernemann genannt, nicht jedoch ein Erfinder. Sicher ist jedoch, dass LJB sich intensiv mit der Entwicklung eines nicht nur lichtstarken, sondern auch optimal korrigierten Objektivs befasste.

Nachdem er die Qualität des sich in Entwicklung befindenden Objektivs an einem ersten Musterbau erkannt hatte, wies Alexander Ernemann den jungen Optikrechner darauf hin, dass ein solches Objektiv hoher Lichtstärke mit einer guten Korrektur auch für eine Fotokamera interessant sein könnte. Ein solches Gespräch dürfte nach Erzählungen von LJB Mitte 1921 stattgefunden haben. Die Arbeit am optischen Ausgleich selbst wurde offenbar auch nach dem Aufgehen der Firma Ernemann in der Zeiss Ikon AG noch fortgesetzt. Zwei letzte Patente zu einer Objektivkonstruktion, 1927 und 1929, in welche ein Teil des optischen Ausgleichs integriert war, zeugen davon (5). Die Patente ohne Erfindernennung tragen die Handschrift von LJB. Alle Bemühungen um den optischen Ausgleich mündeten aber schlussendlich nur in einen schlecht funktionierenden Prototypen (1). Ernemann blieb trotzdem mit den konventionellen Projektoren im Geschäft. Die Fabrikation des „Mechau“ war sehr teuer, verlangte sie doch höchste mechanische Präzision.

Vom Projektionsobjektiv zum Fotoobjektiv

Überraschend schnell war die von Alexander Ernemann initiierte Entwicklung des neuen, für fotografische Zwecke vorgesehenen Objektivs soweit fortgeschritten, dass am 14. Januar 1922 ein Patent (6,7) für ein lichtstarkes Objektiv mit weitgetriebener Korrektur aller Abbildungsfehler angemeldet werden konnte. Im entsprechenden englischen Patent wird als Erstanmeldung in Deutschland das schon etwas frühere Datum 04. Oktober 1921 erwähnt.

Im jugendlichen Alter von knapp 21 Jahren hatte der Autodidakt Ludwig J. Bertele, ohne akademische Weihen, mit seiner Konstruktion, achzig Jahre nach J.M. Petzval und zwanzig Jahre nach P. Rudolf, einen weiteren Meilenstein der Objektiventwicklung gesetzt. Wer selbst schon mit Logarithmentafel, Papier und Bleistift den Verlauf von Lichtstrahlen durch mehrere brechende Flächen gerechnet hat, wer dabei erlebt hat, wie leicht sich beim Nachsuchen von Werten in den Tafeln Fehler einschleichen, kann ermessen, was es heisst, eine solche Pionierleistung im Alleingang zu schaffen. Wir können nur ahnen, wieviel mühsame Nachtarbeit LJB in die Entwicklung steckte; den Einfluss jeder einzelnen Variablen im Kopf, immer wieder die Parameter variierend, um die Abbildungsqualität stets besser werden zu lassen. Wie viele Enttäuschungen waren einzustecken, wenn das durchgerechnete Strahlenbündel dann doch nicht auf die erwartete Art, am erwarteten Ort auf die Bildebene traf! Wenn eine Massnahme trotz aller Variationen nicht in die erwartete Richtung korrigierte, brauchte es die Intuition des Künstlers, um ein neues Korrekturmittel zu finden, dass dann – hoffentlich – den Erfolg bringen würde.

Die Konstrukteure bei Ernemann entwickelten eine handliche Kamera, vor die das Objektiv gesetzt wurde. Das Objektiv wurde Ernostar und die Kamera Ermanox getauft.

Zur Konstruktion des Ernostars

Die Ermanox-Kamera für das Bildformat 45 x 60 mm war zunächst mit einem Ernostar 1:2 / f = 10 cm bestückt worden. Die Brennweite von 10 cm ergab einen Bildwinkel von 42°. Von diesem Typ, der 1923/24 auf den Markt kam, wurden aber kaum mehr als 100 Stück hergestellt (1).

Nochmals hatte Alexander Ernemann den jungen Entwickler herausgefordert: „Zu viel Objektiv für die kleine Kamera“, fand er. Weniger Objektiv war aber nur möglich durch Verkürzung der Brennweite, das heisst, Vergrösserung des Aufnahmewinkels. Bei den Arbeiten in diese Richtung gelang es LJB erstaunlich schnell, die Brennweite von 10 auf 8.5 cm zu verkürzen, was neu einem Aufnahmewinkel von 48 Grad entsprach. Quasi nebenbei gelang es ihm auch, das Öffnungsverhältnis auf 1:1.8 zu steigern (8). Die Ermanox-Kamera mit dem Objektiv 1:1.8 und f 8.5 cm kam noch 1924 auf den Markt.

Die Konstruktion des Ernostar war von LJB so konzipiert worden, dass von den sechs Linsen, welche für die gute Korrektur benötigt wurden, zwei mal zwei verkittet (verklebt) werden konnten. So wurden vier Glas-Luft-Übergänge vermieden und Lichtverluste durch Reflexionen deutlich verringert. Eine Antireflexbeschichtung war ja noch unbekannt. Die Entwicklungsarbeiten um den Ernostar fanden Niederschlag in mehreren weiteren Patenten (8). Der Ernostar wurde neben seinem Erfolg als Aufnahmeobjektiv von Ernemann natürlich auch als Projektionsobjektiv eingesetzt. Verschiedene Varianten wurden von LJB entwickelt: eine für höhere Ansprüche (9) und eine weitere für die Mikroprojektion (10), bei der er das Öffnungsverhältnis bis f 1:1 steigern konnte; aber auch eine auf vier Linsen reduzierte Billig-Variante (11), welche für Projektionszwecke gedacht war. Hier wurde oft mehr auf den Preis als auf die Leistung geachtet, was LJB recht absurd fand. Schöne (Film-)Aufnahmen suboptimal projiziert – unverständlich! (1).

Alexander Ernemann

Emil Mechau

Die Ernostar-Publikation

Sonderabdruck aus „Zeitschrift für wissenschaftliche Photographie“ 24. Bd. Heft 1. 1926. Verlag von Johann Ambrosius Barth.

Ein neues lichtstarkes Objektiv.

Von

Ludwig Bertele.

Mit 9 Figuren im Text.

Die Ernemann-Werke, Dresden, fabrizieren seit kurzem ein Objektiv höchst erreichbarer Lichtstärke, das im Gegensatz zu anderen, früher bekannt gewordenen lichtstarken Objektiven infolge der gleichzeitig erreichten, einwandfreien Bildqualität sich vorzüglich für photographische und mikrophotographische Zwecke, sowie für Projektion, speziell Mikroprojektion eignet. Das Objektiv kommt unter dem Namen Ernostar in den Handel und ist durch verschiedene In- und Auslandspatente geschützt.

Im folgenden soll der Aufbau des Objektivs und sein Korrektionszustand dargelegt werden.

Von einem Objektiv höchster Lichtstärke mit universeller Verwendbarkeit muß man verlangen:

1. eine vorzügliche Bildschärfe über das ganze Plattenformat ohne jeden Randabfall;

2. bei Abblendung eine Bildschärfe, die mindestens ebenso groß ist, wie bei den besten Objektiven in der der Abblendung entsprechenden Lichtstärke.

Bei der Lichtstärke 1 : 1,8 und 1 : 2,0 bilden die von einem Objektpunkt ausgehenden Büschel nach dem Durchgang durch das Objektiv einen Konvergenzwinkel von etwa 30°, woraus sich ergibt, daß der Zerstreuungskreis gleich der Hälfte der Längsaberration ist, während z. B. bei der Öffnung 1 : 4,5 die Büschelkonvergenz etwa 12,5° ist und somit der Zerstreuungskreis nur mehr $^1/_5$ der Längsaberration beträgt. Um auf dieselbe Bildschärfe zu gelangen wie bei lichtschwächeren Objektiven, war es also notwendig, einen Objektivtyp zu schaffen, mit dem bedeutend geringere Längsaberration erreicht werden konnte, als dies bis jetzt mit irgendeinem Objektivtyp möglich war.

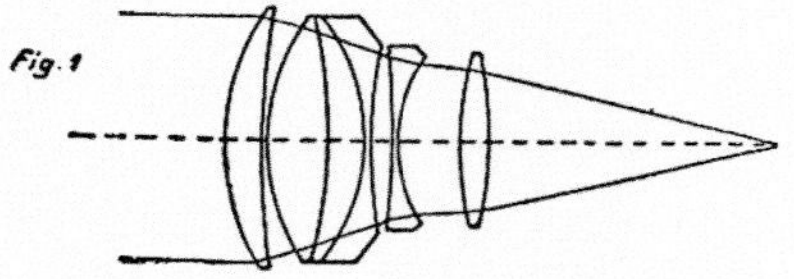

In den Grundzügen ist dieser Objektivtyp durch vier in Luft stehende Glieder gekennzeichnet, wovon eines zerstreuend wirkt und von den übrigen drei sammelnden Gliedern derart umfaßt wird, daß zwei sammelnde vor dem Negativglied und ein sammelndes Glied hinter demselben angebracht sind. Zur vollkommenen Korrektion sind Kittflächen in den einzelnen Gliedern angebracht. Dieser neue Objektivtyp (Fig. 1) weist acht Flächen gegen Luft auf im Gegensatz zu lichtschwächeren Objektiven, wie z. B. solchen, die nach dem Tessar- und Triplettyp gebaut sind. M. E. ist es nicht möglich, bei Anwendung von Kugelflächen ein aus drei in Luft stehenden Gliedern bestehendes Objektiv so zu korrigieren, daß eine einwandfreie Bildqualität herbeigeführt wird, wie man sie von den lichtschwächeren Objektiven gewöhnt ist. Wenn auch durch Hinzufügen einer in Luft stehenden Linse sich die Zahl der Reflexe vermehrt und ein Lichtverlust von 9 % eintritt gegenüber einem Objektiv derselben Lichtstärke, welches nur aus sechs Flächen besteht, so wird dieser geringe Lichtverlust doch um ein Vielfaches wieder ausgeglichen durch die bessere Strahlenvereinigung in dem neuen Typ und durch die damit hervorgerufene Bildbrillanz. Ganz abgesehen davon, ist es vollkommen bedeutungslos für die Lichtstärke eines Objektives, ob es 9% mehr oder weniger durchläßt. Im Öffnungsverhältnis ausgedrückt würde das Objektiv in seiner Lichtstärke durch das Hinzufügen dieser vierten freistehenden Linse gegenüber einem dreigliedrigen Objektiv in der Lichtstärke von 1 : 1,8 auf 1 : 1,88 herabgedrückt sein.

Mit dem soeben beschriebenen Objektivtyp ist es gelungen, nach Einführung einer sammelnden Kittfläche, welche im ersten, zweiten oder dritten Glied untergebracht sein kann und so gelegt bzw. gekrümmt ist, daß die achsenparallelen Randstrahlen an ihr

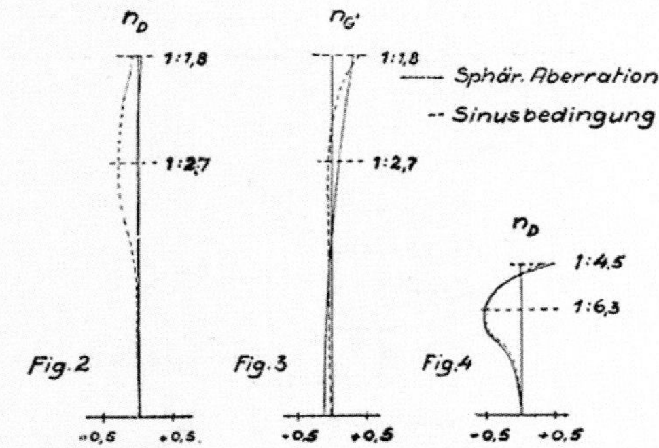

Sphär. Aberration-Sinusbedingung.

Der Schnittpunkt des parallelen Achsenstrahlenbüschels ist der Koordinatennullpunkt.

eine stark sammelnde Brechung bei geringer Exponentendifferenz erfahren, die sphärische Aberrationskurve vollkommen gestreckt ohne die geringsten seitlichen Ausbuchtungen zu erhalten, d. h. die Längsaberration ist für jede Einfallshöhe und für jede Farbe annähernd Null (Fig. 2 und 3). Durch diese Korrektion der sphärischen Aberration wird eine einwandfreie Abbildung in der Bildmitte erzielt und die größtmöglichste Schärfe bei jeder Abblendung erreicht, die überhaupt durch ein photographisches Objektiv erzielt werden kann. Vom Standpunkt der geometrischen Optik aus, ist es sehr interessant, daß es möglich ist, die sphärische Aberrationskurve zu strecken, denn dies hat bis jetzt kein Objektivtyp bei dieser Öffnung und bei Anwendung von Kugelflächen gestattet. In den nebenstehenden

Figuren, die sich, wie alle folgenden, auf die Brennweite 100 beziehen, soll schematisch gezeigt werden: Der Verlauf der sphärischen Aberration beim Ernostar (Fig. 2 und 3) und bei einem Objektiv nach dem Triplettyp (Fig. 4). Die Ausbuchtungen der Kurve bei dem Triplet betragen etwa 6‰ der Brennweite und ergeben bei dem Öffnungsverhältnis 1 : 4,5 einen Zerstreuungskreis von 1‰ der Brennweite. Würde dagegen der Ernostar mit seiner Öffnung 1 : 1,8 dieselbe Aberrationskurve aufweisen, so würde infolge des größeren Konvergenzwinkels der Büschel der Zerstreuungskreis 3‰ der Brennweite betragen, also bei einer Brennweite von 100 0,3 mm, eine Abweichung, die nicht mehr zulässig ist.

Eine weiter zu überwindende Schwierigkeit war die Beseitigung der Bildwölbung, was bei zunehmendem Öffnungsverhältnis äußerst

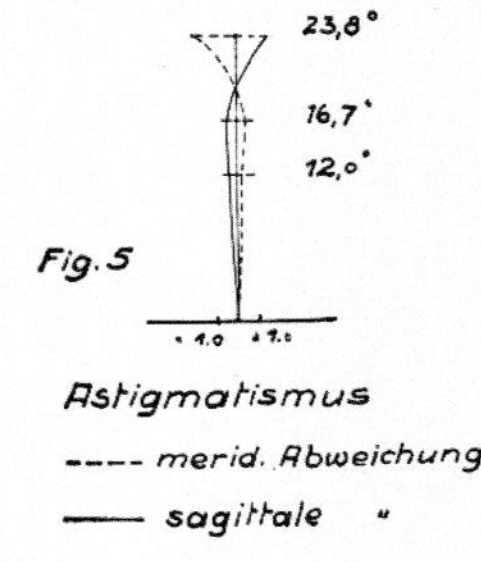

große Schwierigkeiten bereitet. Die Erzielung einer Bildebnung bedingt den eigenartigen Bau des Ernostars, welcher darin besteht, daß vor dem Negativglied zwei stark sammelnde Glieder angebracht sind, welche eine kräftige Einschnürung der Lichtbüschel an der Negativlinse bewirken. Durch diesen Aufbau ist trotz der großen Öffnung die Bildebnung genau so streng durchgeführt wie bei den lichtschwachen Objektiven. In der Erzielung einer Bildebnung unterscheidet sich der Ernostar am auffälligsten gegenüber anderen lichtstarken Objektivtypen. Die Bildebnung erstreckt sich bei dem Ernostar 1 : 2 auf 45°, bei dem Ernostar 1 : 1,8 auf 50°, d. h. eine Brennweite von 85 genügt, um ein Format von $4\frac{1}{2} \times 6$ auszuzeichnen, das Format $6\frac{1}{2} \times 9$ benötigt eine Brennweite von 125 und 9×12 eine Brennweite von 165. Im Anschluß daran soll besonders betont werden, daß die Neuartigkeit der Konstruktion nicht in der Erzielung einer großen Lichtstärke zu suchen ist, denn diese hat Zinken-Sommer bei Voigtländer im Jahre 1870 bereits erreicht, sondern in der Kombination: große Lichtstärke, vorzügliche Mittenschärfe und durch Beseitigung der Bildwölbung Randschärfe bis in die äußersten Ecken. Fig. 5 illustriert den Verlauf der Bildwölbung im meridionalen und sagittalen Schnitt.

Der eigenartige Aufbau des Objektivs, welcher, wie schon erwähnt, zur Beseitigung der Bildwölbung notwendig ist, bedingt bei

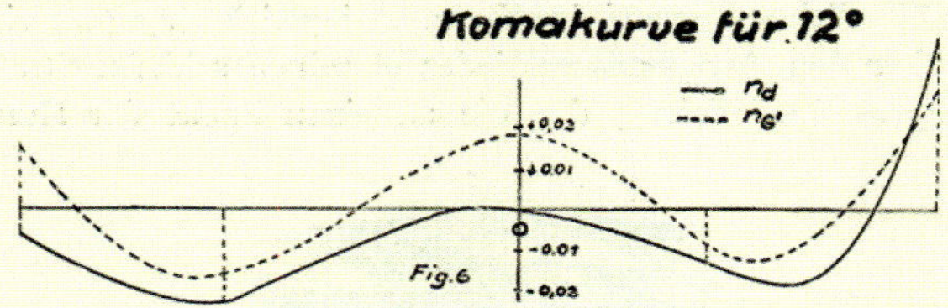

den größten Öffnungen die Einführung einer weiteren stark chromatisch überkorrigierenden Kittfläche möglichst in einem der beiden sammelnden Vorderglieder, da sonst die alleinstehende Negativlinse unmöglich die von beiden sammelnden Vordergliedern erzeugte chromatische Unterkorrektion aufheben und eine chromatische Über-

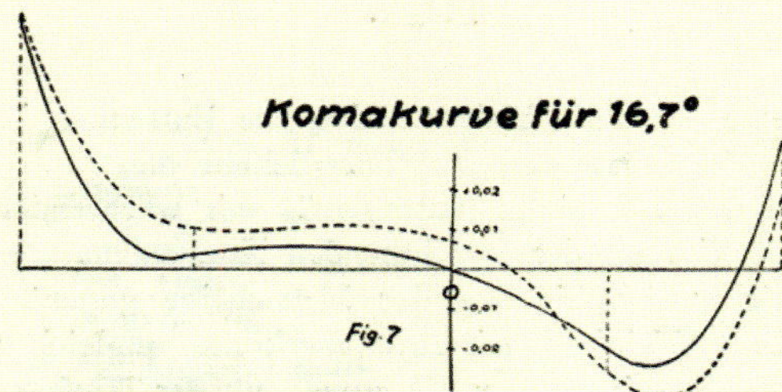

korrektion im dritten Luftraum herbeiführen könnte, was notwenig ist, um den Farbenvergrößerungsfehler zu beseitigen.

Auf die Korrektion der Koma ist großer Wert gelegt worden, da die Beseitigung des Astigmatismus für den Hauptstrahl allein bei dieser großen Öffnung keine Gewähr bietet, daß die Randschärfe genügend gut ist. Fig. 6 und 7 zeigen den Verlauf der Komastrahlen für einen Neigungswinkel von 12,0° und 16,7° in der Weise, daß der Koordinatennullpunkt den Durchstoßungspunkt des Haupt-

3*

strahles n_D mit der Bildebene darstellt und dann nach rechts und links als Abszisse die Tangenten der Austrittswinkel der schiefen Strahlen mit der optischen Achse nach dem Durchgang durch das Objektiv eingetragen sind. Als Ordinate ist die Abweichung der Durchstoßungspunkte der oberen bzw. unteren Komastrahlen vom Durchstoßungspunkt des Hauptstrahls eingetragen. Rechts von der Ordinate ist der Verlauf der unter dem Hauptstrahl einfallenden Strahlen gekennzeichnet. Diese Art der Aufzeichnung gibt einen sehr anschaulichen Verlauf der Koma und gleichzeitig gibt sie Aufschluß über den Astigmatismus jedes einzelnen schiefen Strahls, da der Tangens des Winkels, den die an einen Punkt der Kurve ge-

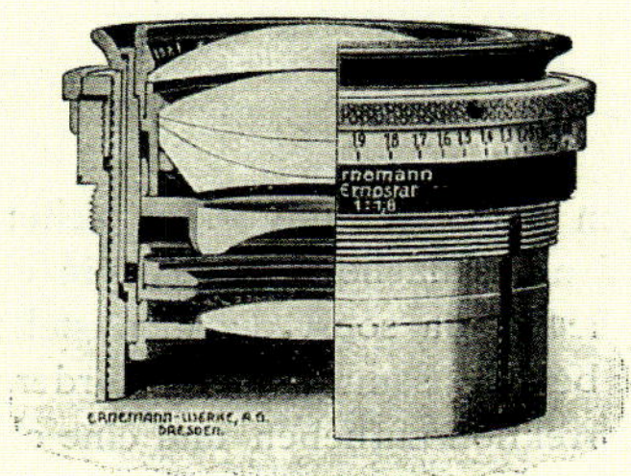

Fig. 8.

legte Tangente mit der Abszisse bildet, die Entfernung des meridionalen Schnittpunktes von der Einstellebene darstellt.

Die Tiefenschärfe nimmt naturgemäß mit wachsender Öffnung ab. Es liegt dies an der zunehmenden Konvergenz der Büschel, die bei gleicher Verschiebung der Mattscheibe gegenüber einem lichtschwachen Objektiv die Zerstreuungskreise ungleich mehr ansteigen läßt. Man kann der Verringerung der Tiefenschärfe insofern entgegenarbeiten, als man sich auf die kleineren Brennweiten beschränkt. Diese Aufnahmen lassen sich dann mehrmals vergrößern, ohne große Unschärfe mit in Kauf nehmen zu müssen, da der Ernostar infolge des großen Auflösungsvermögens den Bildern eine große Brillanz verleiht. Wird eine sehr große Tiefenschärfe verlangt, so muß das Objektiv abgeblendet werden, und dann äußert sich der gewaltige Vorzug der Korrektion des Ernostars gegenüber anderen lichtstarken Objektiven durch die Erzielung einer Bildbrillanz, die durch kein Objektiv, auch nicht durch lichtschwächere

Objektivtypen, mehr zu überbieten ist, weil, wie wir vorher erwähnt haben, die Aberrationsreste durch Streckung der Aberrationskurve vollkommen beseitigt sind. Ein Ernostar 1 : 2,0 und 1 : 1,8 auf 1 : 4,5 abgeblendet, ergibt eine Bildschärfe, die qualitativ ebenso sein muß, wie die Bildschärfe von jedem anderen Objektiv mit dem größten Öffnungsverhältnis 1 : 4,5. Aus diesem Grunde muß der Ernostar 1 : 1,8 und 1 : 2,0 als ein Universalobjektiv betrachtet werden, da in einem einzigen Objektiv die vorzüglichsten Objektive jeder Lichtstärke vereinigt sind. Die Tiefe selbst ist bei dieser Korrektion bei voller Öffnung relativ größer als beim Vergleich mit anderen Objektivtypen derselben Lichtstärke, da infolge der

Fig. 9.

vollkommen beseitigten Aberrationsreste keine Zerstreuungskreise bei Scharfeinstellung vorhanden sind. Somit kann eine bestimmte Objekttiefe bereits vorhanden sein, bis die Unschärfe die Größe erreicht, die den anderen Objektiven infolge der Aberrationsreste schon von vornherein anhaftet. Es ist selbstverständlich, daß die Tiefenschärfe bei Abblendung des Ernostars der eines der Abblendung entsprechenden Objektivs größter Öffnung mindestens gleichkommt. Die Tiefenschärfe muß eher größer sein, infolge des Wegfalls der Aberrationsreste aus dem schon oben angeführten Grunde.

Die Verzeichnung hält sich in den üblichen Grenzen und ihr Korrektionszustand bietet kein weiteres Interesse.

Die starke Einschnürung der Lichtbüschel durch die beiden vorderen sammelnden Glieder gestattet, die beiden letzten Linsen, welche durch einen großen Luftraum getrennt sind, ohne Auftreten einer Vignettierung sehr klein zu machen, wodurch es ermöglicht

wird, das Objektiv in gewöhnliche Handkameras einzubauen, da es nicht notwendig ist, den Schneckengang in dem Durchmesser der Vorderlinsen herzustellen. Eine erhöhte Stabilität der Kamera als jetzt üblich, ist nicht notwendig, da bei der kurzen Schnittweite des Objektivs die Auszugslängen sehr kurz werden.

Das Anwendungsgebiet des Ernostars ist zunächst das Feld der allgemein üblichen photographischen Betätigung, da er infolge seiner weitgehendsten Bildfehlerkorrektion bei entsprechender Abblendung jedes lichtschwächere Objektiv ersetzen kann. Bei voller Öffnung erschließen sich neue Aufnahmemöglichkeiten. So lassen sich viele Aufnahmen, bei denen es nicht auf allzu große Tiefe ankommt oder wo geringe Tiefenschärfe künstlerische Wirkungen hervorruft, als Momentaufnahmen bei schwachem Licht bewerkstelligen. Weiter werden die Belichtungszeiten in Innenräumen bei trübem Tageslicht oder bei künstlicher Beleuchtung auf ein kleines Maß herabgedrückt.

Neuartig ist das Gebiet der Theateraufnahmen. Bei einer hell erleuchteten Bühne ist es möglich, während der Vorstellung das Spiel der Schauspieler im Moment auf der Platte festzuhalten.

Die größte Anregung wird die Photographie in natürlichen Farben durch den Ernostar erhalten. Infolge seiner hohen Lichtstärke, der exakten chromatischen Korrektur eignet sich das Objektiv ganz besonders dazu. Im Sommer bei Sonnenschein gelingt es damit, Momentaufnahmen von $^1/_{15}$ bis $^1/_{30}$ Sekunde in natürlichen Farben zu bewerkstelligen. Es ist nun möglich, das bunte Leben auf den Straßen, Kinder oder Tiere im Freien ohne Gefahr einer Unschärfe durch Verwackeln aufzunehmen.

Die Kinematographie wird durch Anwendung des Ernostars ebenfalls sehr gefördert. Die hohe Lichtstärke gestattet noch dann Aufnahmen, wenn die anderen Objektive wegen schlechter Lichtverhältnisse versagen. Auf die Tiefenschärfe braucht infolge der kurzen Brennweite keine so große Rücksicht genommen zu werden.

Für die Mikroskopie ist der Ernostar von Bedeutung, und zwar für die Beobachtung ausgedehnter Objekte. Die photographische Darstellung war bei den augenblicklichen Hilfsmitteln nicht gut möglich, weil die üblichen Mikroobjektive ein zu stark gewölbtes Bildfeld besitzen und ferner die den Objektiven anhaftenden Aberrationsreste bei einer derart starken Vergrößerung kein genügend scharfes und kontrastreiches Bild erzeugen.

Ein neues lichtstarkes Objektiv. 39

Beide Bildfehler, das stark gewölbte Bildfeld und störende Aberrationsreste sind bei dem Ernostar beseitigt, weshalb es jetzt ohne weiteres möglich ist, bei Anwendung einer hohen numerischen Apertur ein vollkommen ebenes und scharfes Bild auch bei einer starken Vergrößerung zu erhalten.

Neue Perspektiven öffnen sich durch den Ernostar 1 : 1,8 und 1 : 2,0 auf dem Gebiet der Röntgenphotographie und Röntgenkinematographie. Die hohe Lichtstärke bietet die Möglichkeit, das Fluoreszenzbild auf dem Schirm in kürzester Zeit photographisch zu erfassen.

Dresden, den 5. November 1925.

Eingegangen am 8. November 1925.

Zum Erfolg von Ernostar und Ermanox-Kamera

Mit dieser Kamera wurde die Geschichte der Fotografie um das Kapitel der „Available-Light-Fotografie" erweitert. Zum ersten Mal war es möglich, mit einer Kamera – ähnlich handlich wie die spätere Leica oder Contax – ohne Blitzlicht und ohne Stativ in Innenräumen zu fotografieren.

Der Theaterfotograf Hans Böhm

Der Wiener Theaterfotograf an der Max-Reinhard-Bühne war einer der ersten Fotografen, die das Potenzial der neuen Kamera entdeckten. Hans Böhm veröffentlichte Bilder von Theaterszenen, die nicht gestellt waren und durch ihre Lebendigkeit beeindruckten. In der Theaterzeitung „Die Bühne", November 1924, beschrieb er die neue Technik im Artikel „Der Schnellphotograph in der Loge" (13). Der Historiker Gerald Piffl (14) hat sich eingehend mit dem Werk von Hans Böhm befasst. Seine Nachforschungen ergaben, dass dieser schon vor der eigentlichen Markteinführung der Ermanox engen Kontakt zur Firma Ernemann pflegte. So konnte er früh schon mit Prototypen experimentieren. Erste Bilder, die im Zusammenhang mit der Werbung für die Ermanox verwendet wurden, stammen von ihm. Für seine Bühnenaufnahmen wurde ihm später (1925) von Ernemann der Prototyp einer Kamera für das Format 9 x 12 cm mit einem Ernostar 1:1,8 f = 16.5 cm geliefert. Wolff Freiherr von Gudenberg, Felix H. Man, Hugo Erfurth und Suse Byk waren weitere frühe Ermanox-Fotografen. Aber erst um 1928 endeckte ein weiterer Fotograf die Ermanox: Erich Salomon.

Der Pressefotograf Dr. Erich Salomon

Der Pressefotograf Erich Salomon, von Haus aus Jurist, hatte sich früh schon für die Fotografie begeistert. Seine eigentliche Karriere begann aber erst, als er, wohl über die Arbeiten von Hans Böhm, die Ermanox entdeckte. Salomon hatte einen sehr

L. J. Bertele am Arbeitsplatz bei Ernemann in Dresden (ca. 1926).

Ludwig J. Bertele selbstsicher in die Ermanox-Kamera blickend (ca. 1926). Negativ 45 x 60 mm, Glasplatte.

virtuosen Umgang mit der Ermanox-Kamera entwickelt. So gelangen ihm im Gerichtssaal, wo fotografieren damals schon streng verboten war, insbesondere aber auch bei Politikertreffen als sensationell empfundene Bilder. Gelegentlich fotografierte er dazu durch ein Loch, das er in seine Aktenmappe geschnittenen hatte, oder mit der in einem Hut versteckten Kamera! Das Erstaunen der Politiker war jeweils gross, wenn sie sich anderntags in der Presse abgebildet sahen. LJB meinte im Gespräch (1), dass es nicht ganz korrekt war, den Erfolg dieser Fotografen allein ihrem Werkzeug, der Ermanoxkamera, zuzuschreiben. Seien doch auch die Fotochemiker nicht untätig geblieben. Auch die lichtempfindliche Schicht, zunächst noch auf Glasplatte, hatte zu jener Zeit eine Empfindlichkeitssteigerung erfahren.

Erich Salomon wurde wegen seiner Abstammung und dem Wahnsinn der Nationalsozialisten verfolgt. Rechtzeitig hatte er sein Bildarchiv in Berlin versteckt, bevor er 1944 nach Holland flüchtete: Das war leider nicht weit genug! Kurz vor Kriegsende wurde er von Hitlers Schergen aufgestöbert und im KZ Auschwitz-Birkenau ermordet. Sein Sohn, der es nach England geschafft hatte, rettete nach Kriegsende das Bildarchiv des Vaters mit den vielen Zeitzeugnissen. Die Bilder befinden sich jetzt in der fotografischen Sammlung der Berlinischen Galerie (15). Erich Salomon selbst hat zwei Bildbände editiert (16). Auf den folgenden Seiten einige Bildbeispiele aus dem Schaffen von Hans Böhm und Erich Salomon.

Die Ermanox-Kamera mit dem Objektiv Ernostar 1:2 F=10 cm.

Frühe Ermanox-Werbung. Das Bild stammt von Hans Böhm.

Hans Böhm: Vier Szenen aus „Der Diener zweier Herren“ von Carlo Goldoni, Theater in der Josefstadt, Wien, 1924.

Auf dieser und den nächsten Seiten einige der berühmten Fotografien von Erich Salomon.

Bild linke Seite:

Erich Salomon hinter seiner Ermanox-Kamera.
Bild: Fotografisches Atelier Ullstein.

Bilder rechte Seite:

Links oben: Die Politiker Paul Reynaud, Aristide Briand, Champetier de Ribes, Edouard Herriot und Léon Bérard beim Empfang im Pariser Quai d'Orsay (1931). Briand weist auf Salomon, mit dem Ausruf: „Ah – le voilà! Le roi des indiscretes."

Rechts oben: Marlene Dietrich telefoniert aus Hollywood mit ihrer Tochter in Berlin (erste transatlantische Verbindung 1930).

Links unten: Hein-Prozess. Der Angeklagte Johann Hein bei der Verkündigung des Todesurteils (Juli 1928).

Rechts unten: Die erste fotografische Aufnahme, die am obersten englischen Gerichtshof, dem „High Court", während einer Verhandlung gemacht wurde (1929).

Am Tisch von links: Max Planck, der britische Prime Minister Ramsay McDonald im Gespräch mit Albert Einstein, Dr. Dietrich – deutscher Finanzminister, daneben Hermann Schmitz von I.G. Farben. Ganz rechts mit Zigarre: Julius Curtius, Reichsaussenminister. (Berlin, August 1931)

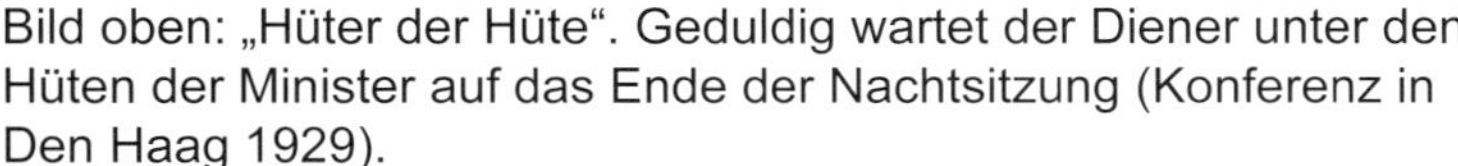

Bild oben: „Hüter der Hüte“. Geduldig wartet der Diener unter den Hüten der Minister auf das Ende der Nachtsitzung (Konferenz in Den Haag 1929).

Bild rechts oben: Fridtjof Nansen im Interview mit der englischen Journalistin Round in der Wandelhalle des Völkerbundpalastes (zwischen 1928 und 1930).

Bild rechts unten: Der Internist Prof. Wilhelm His im Kolloquium mit seinen Medizinstudenten. Universität Berlin (um 1931).

Der Regisseur Ernst Lubitsch an seinem Schreibtisch in Hollywood (1930).

Der Schriftsteller Upton Sinclair auf der Terrasse seines Hauses in Hollywood (1930).

Ein erstes menschliches Problem

Der Erfolg bescherte LJB nicht nur Applaus. Ein Problem auf der menschlichen Ebene erwartete ihn. Dr. August Klughard, der den Verdienst hatte, LJB zu Ernemann in die optische Entwicklungsabteilung geholt zu haben, welcher er damals vorstand, hatte nicht die Grösse, sich zurückzustellen. Da LJB in seiner Abteilung tätig war, versuchte er, der Akademiker, sich mehr und mehr als der eigentliche Erfinder aufzuspielen. Dies, obwohl er selbst keinen Beitrag zur Entwicklung des Ernostar geliefert hatte (1). Die Sache spitzte sich zu, als der Verkauf der Ernostar-Objektive und der Ermanox-Kamera anlief und beide in Fachkreisen hohe Anerkennung fanden. LJB, enttäuscht über das Verhalten des Abteilungsleiters, kündigte seine Stelle in einer spontanen Aktion. Dies war Ende 1923 oder Anfangs 1924. Frustriert und arbeitslos, so erzählte er (1), fasste er mit einem Mechanikerkollegen den Entschluss, eine Produktion und den Vertrieb von gravierten Türschildern zu starten!

Sehr schnell merkte LJB, dass dies nicht sein Weg sein könne. Um den weiteren Verlauf der Geschichte zu verstehen, muss etwas weiter ausgeholt werden: Die Fotografie auf Seite 33 zeigt den jugendlichen Ludwig hinter seinem Schreibtisch. Im Hintergrund eine Rodenstock-Werbung, was darauf schliessen lässt, dass das Bild in der Zeit seiner Ausbildung entstanden ist, der Jüngling also etwa 17 Jahre alt gewesen sein dürfte. Auf dem Schreibtisch sieht man rechts einen Feldstecher, mit Sicherheit ein Luminar aus der Produktpalette seines Arbeitgebers. Gut möglich, dass der Lehrling in seiner Ausbildung auch mit Entwicklungen zu diesen Geräten beschäftigt gewesen war.

Feldstecher bestehen aus einem Objektiv, einem Prisma mit der Aufgabe, das vom Objektiv erzeugte, auf dem Kopf stehende Bild umzukehren und einem Okular mit Quasi-Lupenfunktion zur vergrösserten Betrachtung des vom Objektiv erzeugten, vom Prisma aufgerichteten, in der Luft stehenden Bildes. Die damaligen Okulare hatten ein nur recht kleines Gesichtsfeld; man sah zwar vergrössert, doch nur einen engen Ausschnitt. Zudem war die Bildfeldwölbung nur schlecht korrigiert, was beim Blick durch einen Feldstecher Bildzentrum und Bildrand nicht gleichzeitig scharf zeigte. Das muss LJB schon früh als Mangel empfunden haben, der ihn angeregt hatte, über die Möglichkeit nachzudenken, wie eine Okularkonstruktion mit erweitertem Gesichtsfeld aussehen könnte. Auch Ernemann stellte seinerzeit Feldstecher her und dies schon seit 1913.

Die Sache mit der spontanen Kündigung war ihm peinlich gewesen. So einfach mochte er sich als Reumütiger nicht bei Ernemann melden. Er müsste etwas mitbringen können, dachte er. So machte er sich an die Arbeit, um eine Idee zu einem Weitwinkelokular zu verfolgen, die ihn wohl schon länger beschäftigt hatte. Am 3. Mai 1924 schon konnte er dazu ein Patent (17) anmelden – eine weitere wegweisende Pionierleistung! Mit dieser Patentanmeldung in der Hand suchte er das Gespräch mit Alexander Ernemann. Er fand viel Verständnis und wurde zu neuen, für ihn akzeptablen Bedingungen als Leiter der Optik-Abteilung wieder eingestellt. Er übereignete das Okularpatent seinem Arbeitgeber, allerdings nicht ohne sich für den Fall einer Verwendung bei Ernemann-Feldstechern eine Lizenzzahlung auszubedingen. Ob er die Geschichte von Petzval und Voigtländer gekannt hat, hatte ich ihn natürlich nie gefragt. Wenn ja, hatte er seine Konsequenzen daraus gezogen. In der neuen Position als Abteilungsleiter konnte er die Weiterentwicklung des Ernostar-Objektivs in Eigenregie vorantreiben. Klughard war nicht mehr sein Vorgesetzter und verliess später die Firma.

Rechte Seite: Patentschrift des Weitwinkelokulars. Das patentierte Konstruktionsprinzip war wegweisend für zukünftige Konstruktionen von Okularen. Diesem ersten Patent folgten noch verschiedene weitere mit konstruktiven Verbesserungen für Geräte mit direktem Durchblick: Fernrohre, Theodoliten, Mikroskope, Periskope etc. (18).

DEUTSCHES REICH

AUSGEGEBEN AM
22. MÄRZ 1926

REICHSPATENTAMT

PATENTSCHRIFT

— № 427048 —

KLASSE 42h GRUPPE 2

(B 113920 IX/42h)

Pat. 15. Mai 1929

Ludwig Bertele in Dresden.

Okular.

Patentiert im Deutschen Reiche vom 3. Mai 1924 ab.

Die Erfindung bezieht sich auf ein Okular aus drei in Luft stehenden Gliedern mit oder ohne zusätzlicher Kollektivlinse, bei dem die Augenlinse derart stark meniskenförmig durchgebogen ist und die Abstände zwischen den einzelnen Linsen so eng bemessen sind, daß der Radius der Bildschale in Achsennähe größer als das 1,5fache der Gesamtbrennweite des Okulars ist. Hierbei berechnet sich der Radius R der Bildschale in Achsennähe nach der Petzval-Bedingung

$$\frac{1}{R} = \sum \frac{1}{r} \Delta \frac{1}{n},$$

wobei r der Radius der einzelnen Linsenflächen und n der Brechungsexponent für Natriumlicht ist.

Der Vorteil der Verwendung eines Okulars nach der Erfindung besteht in der astigmatismusfreien Abbildung am Bildrand und in der Möglichkeit, die Fernrohre durch Verkleinern ihrer Objektivbrennweiten ohne Einbuße an Bildschärfe kürzer zu gestalten.

Das in der Zeichnung dargestellte und nachstehend näher erläuterte Ausführungsbeispiel besteht aus drei in Luft stehenden Gliedern, wobei z. B. das dritte Glied aus zwei Linsen zusammengekittet ist. Der Radius der Bildschale beläuft sich bei diesem Okular auf das Doppelte der Brennweite gegenüber

dem 1,10- bis 1,25fachen der Brennweite bei den bekannten Okularen von der Art des Erfindungsgegenstandes. Dieser Vorteil ist in der Hauptsache auf die Verringerung der Bildwölbung durch die Verwendung einer stark durchgebogenen meniskenförmigen Augenlinse und auf die Ausschaltung jedes wölbungsverschlechternden Einflusses, wie z. B. die Vermeidung großer Lufträume, zurückzuführen. Auch ist es auf die Bildwölbung von günstigem Einfluß, die Dicke der Augenlinse möglichst groß zu wählen. Es sind bereits Augenlinsen in Okularen bekannt, die eine sehr große Dicke aufweisen. Diese Augenlinsen sind aber nicht stark meniskenförmig durchgebogen, so daß diese großen Augenlinsendicken keinen Einfluß auf die Bildwölbung zeigen. Durch weitere Verdickung der Augenlinse läßt sich bei dem nachstehenden Beispiel der Radius der Bildschale noch weiter vergrößern.

Um die chromatische Korrektion hinreichend durchzuführen, ist die Augenlinse aus zwei verkitteten Linsen gebildet, wobei die Glassorten, aus denen die beiden Linsen hergestellt sind, eine besonders große ν-Differenz aufweisen. Das System nach dem Ausführungsbeispiel ist in Verbindung mit Prismen, deren Glasweg 500 mm beträgt, chromatisch korrigiert. Soll jedoch die chromatische Korrektion des Okulars ohne Anwendung von Prismen durchgeführt werden, so ist die Einführung weiterer Kittflächen notwendig.

Beispiel.

	Radien	Dicken / Abstände	n_D	ν
L_1	r_1 ∞			
		$d_1 = 25{,}00$	1,6073	59,5
	$r_2 - 159{,}0$			
		$m_1 = 1{,}00$		
L_2	$r_3 + 180{,}0$			
		$d_2 = 21{,}00$	1,6073	59,5
	$r_4 - 590{,}0$			
		$m_2 = 0{,}5$		
L_3	$r_5 + 73{,}3$			
		$d_3 = 31{,}00$	1,4881	70,6
L_3/L_4	$r_6 - 222{,}0$			
L_4		$d_4 = 2{,}5$	1,6477	33,9
	$r_7 + 103{,}5$			
		$F = 100.$		

Patent-Ansprüche:

1. Okular mit drei in Luft stehenden Gliedern mit oder ohne zusätzlicher Kollektivlinse, dadurch gekennzeichnet, daß die Augenlinse derart stark meniskenförmig durchgebogen ist und die Abstände zwischen den einzelnen Linsen gleichzeitig so eng bemessen sind, daß der Radius der Bildschale in Achsennähe größer als das 1,5fache der Gesamtbrennweite des Okulars ist.

2. Okular nach Anspruch 1, dadurch gekennzeichnet, daß die Dicke der meniskenförmigen Augenlinse größer als das 0,25fache der Gesamtbrennweite des Okulars ist.

BERLIN. GEDRUCKT IN DER REICHSDRUCKEREI

Ein weiterer Einschnitt

Im Jahr 1926/27 fusionierten mehrere Firmen der Fotobranche unter Führung der Carl Zeiss Stiftung zur neuen Zeiss Ikon AG; neben Görtz, Icar und Contessa auch die Firma Heinrich Ernemann AG. Die Gründe für die Fusion sind nicht ganz einsichtig. Doch war es wohl die schlechte Wirtschaftslage, welche die Kamerafirmen mit sinkenden Umsätzen in Schwierigkeiten brachte. Vielleicht aber auch, weil das Leica-Konzept ein voller Erfolg zu werden schien – was nicht vorauszusehen gewesen war. Skepsis war angebracht gewesen wegen des kleinen Bildformats und den damals noch recht grobkörnigen Emulsionen. Doch die handliche Leica-Kamera mit dem praktischen Kinorollfilm kam bei den Fotografen überraschend gut an, die suboptimale Qualität des Filmmaterials und auch der Objektive wurde in Kauf genommen. Hätte Alexander Ernemann damals, als er LJB aufforderte, das Ernostar-Objektiv zu verkleinern, daran gedacht, dass ja auch Kamera und Format noch etwas reduziert werden könnten, hätte man damals schon aufs Kinofilmformat kommen können. Die Entwicklung wäre wohl sehr anders verlaufen. Die Aufholjagd, welche dann zur Zeissschen Contax führte, wäre nicht nötig gewesen.

Ernemann-Gebäude mit Ernemann-Turm (Junghans- /Schandauerstrasse. in Dresden). Auf der Frontseite des Gebäudes das nach der Fusion angebrachte Signet „Zeiss Ikon“. LJB's Arbeitsplatz: im Turm

Die Verkäufe von Ermanox-Kameras gingen zurück. Dies auch, nachdem unter Zeiss Ikon die Ermanox-Reflexkamera auf den Markt kam, bei welcher eine Beobachtung des Bildes und die Scharfeinstellung über den Spiegel sehr viel einfacher wurde. Trotz dieser Vorzüge machte die noch handlichere Leica das Rennen. Offenbar war die Zeit noch nicht reif für das Konzept einer Spiegelreflexkamera.

Die Situation für LJB und die ganze Optikabteilung der Firma Ernemann war durch die Fusion zunächst völlig unsicher geworden. Wie weiter? Zeiss hatte eine eigene Optik-Entwicklungsabteilung mit Ernst Wandersleb und Willy Merté als Konstrukteure. Trotzdem schaffte es Alexander Ernemann, für seine Filmprojektorentwicklung innerhalb der Zeiss-Ikon-Organisation eine eigene Entwicklungsabteilung mit sechs Optikern behalten zu können. LJB war trotzdem nach der Errechnung des Ernostar 1:1.8 / 8.5 cm zunächst ohne eine herausfordernde neue Aufgabe.

Erste akademische Weihen

Nachdem Ludwig J. Bertele 1927 die Maturitätsprüfung beim Sächsischen Volksbildungsministerium abgelegt hatte, begann er mit dem Besuch von Vorlesungen in Mathematik und Physik ein Studium an der mathematisch-naturwissenschaftlichen Abteilung der Technischen Hochschule Dresden und erweiterte so seine autodidaktisch erworbenen Kenntnisse. Dies neben seiner anspruchsvollen beruflichen Tätigkeit.

Doch drehte sich bei Weitem nicht alles in seinem Leben nur um Optik, Mathematik und Physik. In seiner Freizeit pflegte er zwei Hobbys: Da waren einerseits die Felsformationen des Elbsandsteingebirges mit anspruchsvollen Kletterrouten, welche ihm Herausforderung auf einer ganz anderen Ebene waren. Und dann war es ein Harley-Davidson-Motorrad, ohne und später mit Seitenwagen, dem seine Begeisterung galt.

Eine Reise in die USA

Eine kreative Pause gestattete er sich, wohl anfangs 1929, mit einer dreimonatigen Auszeit. Er nutzte diese für eine Reise in die USA. Dazu hatte er die Anstellung bei Zeiss gekündigt, allerdings mit der Option, jederzeit wieder in die Firma eintreten zu können. Ob es nur das Spiel mit dem Gedanken war, auszuwandern ins „Land der unbegrenzten Möglichkeiten", oder ob die Reise auch ein kluger Schachzug war?

Zurück aus den USA – das Sonnar-Objektiv

Schliesslich kehrte er zurück nach Dresden. Er hatte wohl das kulturelle Ambiente dieser Stadt sehr vermisst. Obwohl ihm die wirtschaftlichen Bedingungen in den USA besser erschienen als in der Heimat, so erzählte er später, hatte er gespürt, dass er in der Neuen Welt nicht würde heimisch werden können.

Nach seiner Rückkehr meldete er (am 14. August 1929) ein Patent an (22), in dem er die Idee eines weiterentwickelten Ernostars beschrieb. Seine Untersuchungen hatten ihm gezeigt, dass es prinzipiell möglich war, die vier freistehenden Linsenglieder auf drei zu reduzieren. Auf die alleinstehende negativ brechende Linse des Ernostars konnte verzichtet werden. Dadurch reduzierte sich die Zahl der Glas-Luft-Übergänge im Objektiv von acht auf sechs, was den Lichtverlust durch Reflexion um 25% reduzierte. Mit dieser Patentanmeldung in den Händen, die zunächst nur auf seinen Namen lautete, ging er zurück

Bild oben: Mit Bergkamarad nach Klettertour im Elbsanstein-gebirge.

Bild unten: LJB auf seiner Harley-Davidson-Maschine.

zu Zeiss Ikon. Obwohl Alexander Ernemann seinerzeit bereit gewesen war, mit ihm einen Lizenzvertrag betreffend Weitwinkel-Okular abzuschliessen, war er sich bezüglich eines solchen Entgegenkommens beim Zeiss-Ikon-Konzern nicht so sicher. Erfindungen gehörten ja prinzipiell dem Arbeitgeber. Doch indem er beim Wiedereintritt in die Firma eine Patentanmeldung mitbrachte, welche er in seiner Auszeit, während der Reise in die USA, ausgearbeitet hatte, konnte er wiederum einen Lizenzvertrag aushandeln. Das Sonnar-Patent wurde Zeiss Ikon übereignet. So ist auf dem nebenstehend abgebildeten Originalpatent LJB nicht als Erfinder genannt. Die Erfindernennung war zu jener Zeit in Deutschand noch nicht zwingend.

In seiner weiter bestehenden Optikentwicklungsabteilung in Dresden wurde die Idee der neu patentierten Konstruktion weiterverfolgt. Varianten wurden errechnet und als Muster hergestellt. Dies führte später zu einer ganzen Reihe von Nachfolgepatenten (23,24). Offenbar war es damals so, dass es sich wegen der aufwendigen Rechnerei lohnte, gelegentlich ein Muster zu fabrizieren. So konnte aufgrund der Projektion von Testbildern beurteilt werden, in welche Richtung die Korrektur noch zu verbessern wäre.

Doch zunächst ging es jetzt um die Entwicklung eines Aufnahmeobjektivs für das Kleinbildformat. Denn bei Zeiss Ikon in Jena wurde intensiv an der Entwicklung einer Kamera für das Filmformat 24 x 36 mm gearbeitet. Diese sollte der Leica, die seit 1926 mit zunehmendem Erfolg auf dem Markt war, zumindest ebenbürtig sein. An der Kamerakonstruktion arbeitete, unter Leitung von Prof. Emanuel Goldberg, Heinrich Küppenbender. An der Entwicklung eines passenden Objektivs dazu Willy Merté, unter der Leitung von Dr. Ernst Wandersleb. Das von ihm entwickelte Objektiv, f 1:1.4, wurde Biotar genannt.

DEUTSCHES REICH

AUSGEGEBEN AM
29. AUGUST 1931

REICHSPATENTAMT

PATENTSCHRIFT

№ 530843

KLASSE 42h GRUPPE 4

B 145132 IX/42h

Tag der Bekanntmachung über die Erteilung des Patents: 16. Juli 1931

Erfinder: L Bertele

Zeiss Ikon Akt.-Ges. in Dresden

Photographisches Objektiv

Patentiert im Deutschen Reiche vom 14. August 1929 ab

Die Erfindung bezieht sich auf ein lichtstarkes Objektiv mit anastigmatischer Bildfeldebnung und sechs Flächen gegen Luft. Eine solche Konstruktion hat neben dem Vorteil der einfachen Bauart bekanntlich auch eine wesentlich geringere Anzahl Reflexbilder als eine Konstruktion mit acht Flächen gegen Luft. Das Objektiv besteht aus zwei in Luft stehenden sammelnden Systemteilen, welche einen weiteren in Luft stehenden meniskenförmigen Systemteil einschließen. Die Erfindung wird darin gesehen, daß der erste sammelnde Systemteil in Verbindung mit der konvexen Außenfläche des eingeschlossenen Systemteils eine im Medium Glas gemessene Brennweite aufweist, die kleiner ist als die Gesamtbrennweite des Objektivs.

Objektive dieser Bauart zeigen den Vorteil, daß neben der üblichen Bildfehlerkorrektion eine anastigmatische Bildfeldebnung bei großer Lichtstärke mit nur sechs Flächen gegen Luft in weitgehendem Maße durchführbar ist. Die Brechkraft des ersten sammelnden Systemteils zusammen mit der konvexen Außenfläche des eingeschlossenen Systemteils, d. i. die dem ersten Systemteil zugekehrte Fläche, muß derart gesteigert werden, daß sich unmittelbar nach der Brechung des Lichtes an der konvexen Außenfläche des eingeschlossenen Systemteils eine im Medium Glas gemessene Brennweite ergibt, die kleiner ist als die Gesamtbrennweite des Objektivs. Zu beachten ist, daß nach der Brechung des Lichtes an besagter Außenfläche des eingeschlossenen Systemteils sich, das Licht nicht im Medium Luft befindet und die nachstehende Formel zur Berechnung der Brennweite gültig ist für einen Strahlenverlauf in einem Medium, welches nach der erwähnten Außenfläche folgt, also im vorliegenden Falle Glas. Die Brennweite f^1 der optischen Elemente, welche das Licht nach der Brechung an der konvexen Außenfläche des eingeschlossenen Gliedes bereits durchsetzt hat, errechnet sich aus der Formel:

$$f^1 = \frac{n f_1}{1 + \frac{n-1}{r}(f_1 - a)}$$

worin f_1 die Brennweite des ersten Systemteils ist, n der Brechungsexponent für die Linie D des auf die konvexe Außenfläche des eingeschlossenen Systemteils folgenden Mediums, r der Radius der konvexen Außenfläche des eingeschlossenen Gliedes und a der Abstand des hinteren Hauptpunktes des ersten Systemteils bis zum Scheitel der konvexen Außenfläche.

Zur Korrektion der Bildfehler muß in erster Linie der meniskenförmige Systemteil aus mindestens zwei Linsen zusammengesetzt sein. Mit Rücksicht auf eine zonenfreie Korrektion kann die Einführung einer zweiten Kittfläche in den meniskenförmigen Systemteil von Vorteil sein (Beispiel 2). Ebenso kann der erste und letzte sammelnde Systemteil zum Zwecke weiterer Korrektionsmöglichkeiten einen verkitteten Bestandteil darstellen.

Beispiel 1 zeigt die optischen Daten eines solchen Objektivs. Der erste Systemteil kann zweckmäßig einen größeren Durchmesser besitzen, als es dem Öffnungsverhältnis ent-

Erstes Sonnarpatent, welches Ludwig J. Bertele nach seiner Rückkehr aus den USA im August 1929 anmeldete.

spricht, um die Vignettierung schiefer Büschel zu vermeiden.

Fig. 1 ist der Schnitt des Objektivs nach Beispiel 1.

Beispiel 2 zeigt die optischen Daten des Objektivs mit dreifach verkittetem Systemteil.

Fig. 2 ist der Schnitt eines solchen Objektivs.

Bei dem im Beispiel 1 angeführten Objektiv ergibt sich eine Brennweite nach der Brechung an der konvexen Außenfläche des eingeschlossenen Systemteils von 80 mm; die Objektivbrennweite ist etwa 100 mm.

Beispiel 2 zeigt eine Brennweite nach der konvexen Außenfläche des meniskenförmigen Gliedes von 71 mm; die Gesamtbrennweite des Objektivs ist etwa 100 mm.

Beispiel 1

Öffnungsverhältnis 1:1,6

			n_D	ν
	r_1 + 75,90			
L_1		d_1 10,5	1,6228	59,9
	r_2 + 375,0			
		l_1 0,6		
	r_3 + 42,3			
L_2		d_2 24,0	1,5888	61,0
	r_4 — 141,0			
L_3		d_3 9,0	1,7174	29,5
	r_5 + 27,6			
		l_2 21,0		
	r_6 + 75,0			
L_4		d_4 7,5	1,6261	39,1
	r_7 — 204,0			

Beispiel 2

Öffnungsverhältnis 1:2

			n_D	ν
	r_1 + 70,2			
L_1		d_1 6,6	1,6073	59,5
	r_2 + 610,2			
		l_1 0,15		
	r_3 + 39,45			
L_2		d_2 6,0	1,6073	59,5
	r_4 + 75,00			
L_3		d_3 21,6	1,5101	63,4
	r_5 — 180,0			
L_4		d_4 1,5	1,7224	29,5
	r_6 + 26,25			
		l_2 27,3		
	r_7 + 70,2			
L_5		d_5 4,2	1,6738	32,1
	r_8 — 858,33			

Patentanspruch:

Photographisches Objektiv mit anastigmatischer Bildfeldebnung aus zwei in Luft stehenden sammelnden Systemteilen, welche einen weiteren in Luft stehenden meniskenförmigen Systemteil einschließen, dadurch gekennzeichnet, daß der erste sammelnde Systemteil in Verbindung mit der konvexen, dem ersten Systemteil zugekehrten Außenfläche des eingeschlossenen Systemteils eine im Medium Glas gemessene Brennweite aufweist, die kleiner ist als die Gesamtbrennweite des Objektivs.

Hierzu 1 Blatt Zeichnungen

BERLIN. GEDRUCKT IN DER REICHSDRUCKEREI

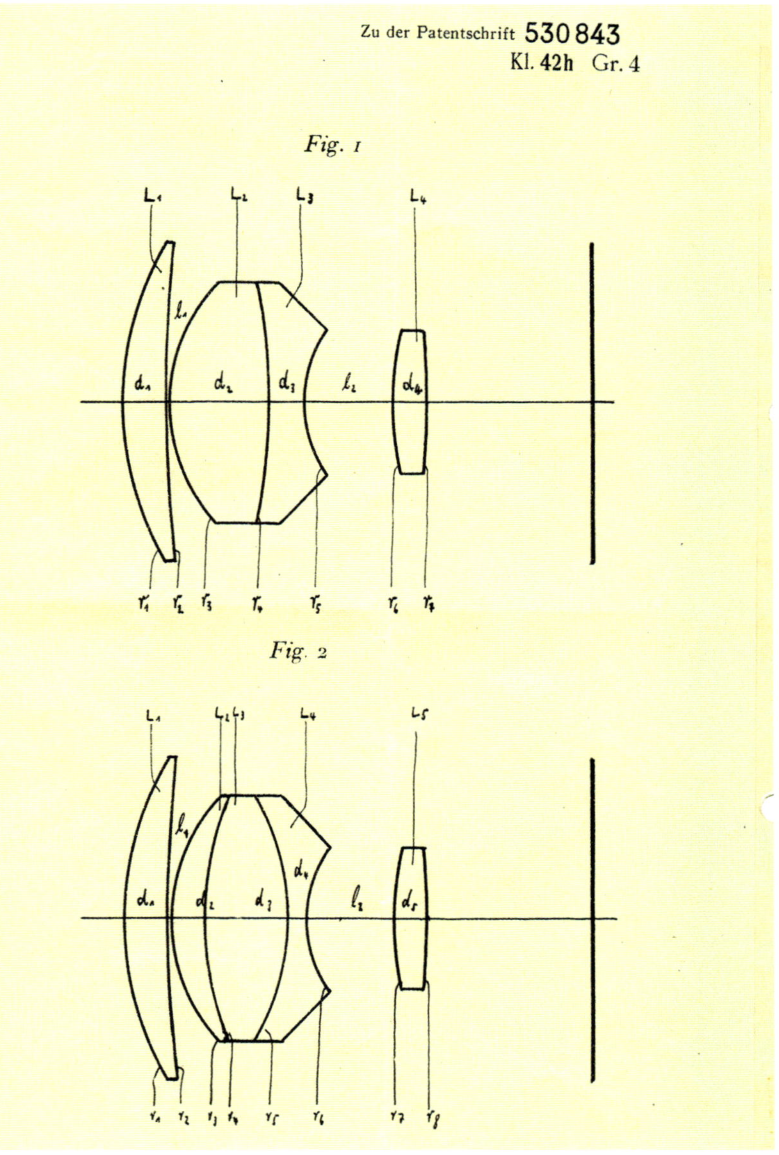

Die Contax – Biotar oder Sonnar?

Nun war da in Dresden noch dieser Bertele, der inzwischen seine Konstruktion des weiterentwickelten Ernostars samt Prototypen mit dem Öffnungsverhältnis 1:2 und 1:1.5 fertiggestellt hatte. Wandersleb favorisierte natürlich zunächst das Jenaer Merté-Objektiv.

Nach einem Vergleich, nicht der Rechnungen, sondern der Prototypen (1) welcher über die Projektion von Testbildern erfolgte, musste Wandersleb mit eigenen Augen sehen, dass das von Bertele errechnete Objektiv in verschiedener Hinsicht dem von Merté überlegen war. LJBs Konstruktion hatte mit drei freistehenden Gliedern nur 6 Glas-Luftübergänge, was gegenüber den 8 Glas-Luftübergängen bei Mertés Konstruktion den deutlichen Vorteil geringerer Lichtverluste durch Reflexion zeigte. LJB hatte bei seiner Konstruktion auch auf eine Symmetrie bezüglich der Blendenebene verzichtet, wodurch einige Aberrationen nicht mehr automatisch wegfielen, er aber einen Freiheitsgrad gewann, um die chromatischen Aberrationen besser in den Griff zu bekommen. LJB beschrieb später den Testvergleich der beiden Konstruktionen so: „Das Merté-Objektiv gab, abgesehen von Reflexen, die es hatte, ein ganz schönes Bild. Es zeigte jedoch eine wahnsinnige chromatische Aberration. Bald nach der Mitte wurde das Bild stark verschleiert. Doch da die Strahlenvereinigung bis zu einer gewissen Öffnung vorzüglich war, wurde die Bildschärfe durch den Schleier nicht beeinträchtigt. Was bei einer grösseren Öffnung hereinkam, trug jedoch nur zur Verstärkung des Schleiers bei. Das [Bertelesche] Sonnar aber zeigte in jeder Hinsicht ein anständiges Bild, mit gleichmässiger Schärfe und Kontrast.“ (1)

Die kurze Bauweise mit kleinem Abstand der letzten Linse vom Film (Schnittweite) des Standard-Sonnars (f = 50 mm) liess die Contax mit diesem Objektiv auch recht kompakt aussehen. Das erste Modell der Contax, welches erst einige Jahre nach der Leica auf den Markt kam, hatte zunächst noch einige konstruktive Mängel. Etwa der Entfernungsmesser, der aufgrund der grösseren Basis zwar genauer war, jedoch leicht dejustierte. Die Kinderkrankheiten waren jedoch bald überwunden, und die Contax war danach in technischer Hinsicht der Leica deutlich überlegen. Allerdings auch im Preis!

Doch die Leica, war unterdessen schon „Kult“ geworden. Da aber bezüglich Optik Leitz der Zeissschen Contax nichts entgegensetzen konnte, wurde von den Profis das Elmar der Leica oft gegen ein Sonnar-Objektiv ausgetauscht. Über Jahre konnte Leitz bezüglich Optik nicht mit Zeiss gleichziehen.

Die Contax kam 1932 auf den Markt und war in verschiedenen technischen Belangen der Leica überlegen: sehr breite Basis des Entfernungsmessers, quer liegender Metallschlitzverschluss sowie scharfzeichnende, lichtstarke, normal bis langbrennweitige Sonnar-Objektive. Später kam das ebenfalls für lange Zeit konkurrenzlose Weitwinkelobjektiv Biogon hinzu.

Eine Leica IIIF mit adaptiertem Sonnar, Zeiss-Opton, von 1951.

Interessantes über die optische Ausrüstung der „Contax“

Von L. BERTELE

Sonderdruck aus der „Photographischen Industrie“

Die Contax-Camera geht nicht nur in der eigentlichen Camerakonstruktion, sondern vor allem auch teilweise in der optischen Ausrüstung ganz neue Wege. Neben dem berühmten Tessar ist hier ein neuer Objektivtyp, und zwar das „Sonnar“, erstmalig an Photocameras zur Verwendung gelangt, und zwar:

als lichtstarkes Universal-Objektiv 1:2 f=5 cm,
als ultralichtstarkes Objektiv 1:1,5 f=5 cm und
als langbrennweitiges Objektiv 1:4 f=13,5 cm.

Der Objektivtyp „Sonnar“ ist rein äußerlich gekennzeichnet durch drei in Luft stehende Glieder, von denen das erste und das letzte Glied die Wirkung einer Sammellinse besitzen und das eingeschlossene Glied einen Meniskus darstellt, der nach dem Aufnahmeobjekt zu durchgebogen ist. Ob das in Frage stehende Objektiv dann aus vier, sechs oder sieben Einzellinsen zusammengesetzt ist, ändert nichts an dem soeben beschriebenen grundsätzlichen Aufbau. Das Sonnar hat somit die geringste bei Anastigmaten großer Öffnung bis jetzt erzielte Anzahl von Glas-Luft-Flächen, von denen ja bekanntlich jede eine Lichtschwächung von 5—6 Prozent zur Folge hat, nämlich nur 6.
Das Sonnar nützt somit alle Möglichkeiten aus und besitzt die größtmögliche Lichtstärke bei gegebener Öffnung. Charakteristisch für den Sonnartyp ist die kurze Auszugslänge, d. h. der kurze Abstand zwischen Frontlinse und Filmebene. Bei Verwendung an der Contax-Camera wirkt sich dies baulich sehr günstig aus, da die Objektive bei nicht versenkbarem Anbau nur sehr wenig aus der Camera herausragen.

Das Universal-Objektiv „Sonnar“ 1:2 f=5 cm.

Es wird vielfach behauptet, daß ein lichtstarkes Objektiv bei Abblendung nicht die Schärfe ergeben kann, wie ein Objektiv, das von vornherein eine kleinere, der Abblendung entsprechende Öffnung besitzt. Es ist tätsächlich sehr schwer, dieser Forderung nachzukommen. Es gibt aber lichtstarke Objektive, und unter diese ist auch das „Sonnar“ 1:2 zu zählen, die infolge des günstigen Verlaufs der Kurve der sphärischen Aberration, der weitgehenden Beseitigung der Bildfeldwölbung und infolge der Komafreiheit bei jeder Blende eine ausgezeichnete Bildschärfe ergeben, die in jeder Weise der Schärfe von Objektiven geringerer Öffnung entspricht.

1:2 f=5cm

Von großer Bedeutung bei praktischer Verwendung des Objektivs ist ferner die Frage, bis zu welchem Maße das Bildfeld gleichmäßig genug ausgeleuchtet ist. Jedes Objektiv zeigt in nicht abgeblendetem Zustand, besonders wenn es für große Bildwinkel angewandt wird, einen Helligkeitsabfall, d. h. die Ecken des Bildes sind des öfteren erheblich dunkler als die Mitte, besonders bei knapper Belichtung oder bei Verwendung von harten Kopierpapieren. Zahlenmäßig ausgedrückt würde das folgendes bedeuten: Fällt auf die Bildmitte eine Lichtmenge von 100 Prozent, so trifft bei voller Öffnung auf die Bildecken im allgemeinen nur mehr eine Lichtmenge von 35—40 Prozent. Bei Abblendung eines Objektivs jedoch werden die Unterschiede zwischen der auf die Bildmitte und den Bildrand fallenden Lichtmenge immer geringer, z. B. bei einem Objektiv 1:2, das auf 1:3,5 abgeblendet ist, fällt auf die Bildecken eine Lichtmenge, die ca. 75 Prozent der auf die Bildmitte fallenden Lichtmenge ist. Dies zeigt, daß ein lichtstarkes Objektiv nicht nur dann von Bedeutung ist, wenn die große Öffnung tatsächlich gebraucht wird, d. h. bei ungünstigen Lichtverhältnissen. Im Gegenteil, gerade bei gewöhnlichen Aufnahmen, bei mittleren Blendengrößen (z. B. 1:3.5) tritt der weitere Vorteil der lichtstarken Optik, und zwar die überaus gleichmäßige Ausleuchtung des gesamten Bildfeldes erst recht in Erscheinung. Die bekannte Tatsache, daß mit der Zunahme der Öffnung die Schärfentiefe sinkt, ist in den hier behandelten Fällen praktisch belanglos, da auf die Schärfentiefe bei Kleinbildaufnahmen weniger Rücksicht genommen zu werden braucht.
Hier ist auch bei nachträglicher Vergrößerung eine Schärfentiefe vorhanden, die immer noch weitaus größer ist, als bei einer Aufnahme im Format des vergrößerten Bildes mit einem Objektiv längerer Brennweite und gleicher Blendenstellung.

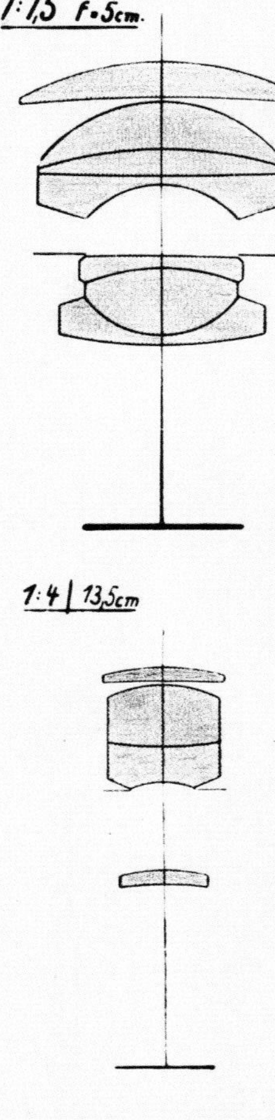

Das ultralichtstarke Objektiv „Sonnar“ 1:1.5 f=5 cm.

Dieses Objektiv ist geschaffen für Aufnahmen bei ganz ungünstigen Lichtverhältnissen. Hier dürfte in Anbetracht der hohen optischen Leistung, der kleinen Ausmaße und der geringen Zahl von nur 6 Flächen an Luft ein neuer Rekord im Bau lichtstärkster Objektive erzielt sein.
Die Abblendung geht allerdings hier nur bis zu 1:11, sodaß dieses Sonnar nicht so universell zu verwenden ist, wie das oben beschriebene Sonnar 1:2. Da aber stärkere Abblendung nur sehr selten gebraucht wird, so dürfte der Vorteil extrem hoher Lichtstärke ausschlaggebend sein.

„Sonnar“ 1:4 f=13.5 cm.

Mit diesem Objektiv hat der Sonnar-Typ auf dem Gebiet der langbrennweitigen Objektive mit kleinem Bildwinkel Anwendung gefunden. Auch bei langbrennweitigen Objektiven für Kleinbildaufnahmen ist größtmögliche Schärfe unbedingt notwendig, da ja ein solches Objektiv oft die Aufgabe hat, weit entfernte Details, die unter einem sehr kleinen Bildwinkel erscheinen, noch auf dem Film zur Darstellung zu bringen. Diese Bedingung konnte in ungewöhnlich weitgehendem Maße beim „Sonnar“ 1:4 f=13,5 cm erfüllt werden, da hier im Gegensatz zu den Objektiven gleicher Brennweite, die bisher für das große Format 9×12 cm gebaut wurden, nur auf die Bildfehlerbeseitigung innerhalb des benötigten kleinen Bildfeldes Rücksicht genommen werden brauchte und das „Sonnar“ sich hierfür als besonders günstig erwiesen hat. Auch hier zeigt sich die Überlegenheit dieses Objektivtyps.
Das charakteristische Merkmal des Objektivs, die kurze Auszugslänge, ist hier besonders ausgeprägt. Der Abstand Frontlinse bis Film beträgt hierbei nur das 0,92fache der Brennweite, eine Eigenschaft, die sonst nur die gewöhnlichen Tele-Objektive mit zerstreuendem Hinterglied aufweisen. Solche Objektivtypen ergeben aber bei diesem relativ großen Öffnungsverhältnis keine befriedigende Bildschärfe mehr.

1517 10 537 DIN A 5

LJB beschreibt die Sonnarkonstruktionen. Sonderdruck aus der Fachzeitschrift „Photographische Industrie“.

Zeisssche Contax-Werbung von 1935 und 1936 (in „Photographische Industrie").

Ludwig J. Bertele und seine zukünfige Frau, Erika Hemmann, um 1930.

Heirat und Familiengründung

Nach diesen Erfolgen war LJB bereit, eine Familie zu gründen. 1932 heiratete er Erika, mit der er schon seit 1928 verlobt gewesen war. Damals hätte es ein Hindernis sein können, dass Erika in einer evangelischen Familie aufgewachsen und ihr Grossvater Pfarrer in Radebeul gewesen war. Ludwig stammte aus dem katholischen Bayern. Obwohl es seine Eltern nicht so genau nahmen mit religiösen Ritualen, bestand seinerzeit doch der soziale Druck zu Religionsunterricht und Kirchgang. Wie er später erzählte, hatte er es damals schon als sehr stossend empfunden, wenn er hörte, wie sich der Priester von der Kanzel herab gegen Juden ausliess und sie als Christusmörder beschimpfte. Er war dann früh schon aus der katholischen Kirche ausgetreten. Somit gab es kein Hindernis für die Eheschliessung. Die beiden Söhne wurden 1934 und 1937 geboren. – Auf seine Weltanschauung angesprochen, meinte er einmal, dass er sich als Blatt am „Baum der Menschheit" sehe. Als Blatt, das durch seine Aktivität einen kleinen Beitrag leiste zur Entwicklung des Baumes, der Kultur, welches aber irgendwann abfallen würde, um einer neuen Generation Platz zu machen. In seiner naturwissenschaftlichen Weltsicht hatte ein Gott, besonders ein solcher, wie er ihn von der katholischen Erziehung her kennengelernt hatte, keinen Platz. Wir liegen nicht daneben, wenn wir ihn in seiner Haltung als atheistischen Humanisten bezeichnen. Seine Haltung der Kirche gegenüber war äusserst kritisch. So erzählte er später einmal, wie er seinerzeit entsetzt war über die Haltung des Papstes, der den Abessinienfeldzug der Italiener unterstützte, und die Perversität seines Klerus, welcher Soldaten für die Teilnahme an diesen unmenschlich-grässlichen Eroberungsfeldzügen segnete.

LJBs Verhältnis zum Nationalsozialismus

Bezüglich politischer Aktivitäten war er sehr zurückhaltend, eher der stille Beobachter. Für ihn war es sinnvoller, seine Energie in Forschungs- und Entwicklungsarbeiten zu stecken. Dass seine Erfindungen auch für Militärgeräte verwendet wurden, konnte er nicht ändern; auch nicht, dass nach Kriegsausbruch die ganze optische Industrie auf Hilfsgeräte fürs Militär umgestellt wurde. Mit kriegswichtigen Arbeiten beschäftigt sein bedeutete Einsatz an der Heimatfront, alle anderen Männer wurden zum Kampf an der Aussenfront eingezogen. – Dass LJB aber, wenn es drauf ankam, Farbe bekennen konnte, zeigte sich am Beispiel eines Mitarbeiters. 1933 wurde Ernst Reich wegen „kommunistischer Umtriebe“ für einige Monate ins Gefängnis gesteckt. Nach der Entlassung nahm LJB seinen Mitarbeiter sofort und auf Dauer wieder in der Abteilung auf, trotz heftigem Protest des Betriebsobmanns Hempel.

Für LJB war die einzige positive Errungenschaft des Regimes die neue Patentgesetzgebung. Nach der Revision der Pariser Verbandsübereinkunft zum Schutz des gewerblichen Eigentums in Den Haag, am 6. November 1925, wurde diese im Mai 1936 auch in Deutschland eingeführt. Wesentlich war die Stärkung der Erfinderrechte. Unter anderem wurde ab diesem Zeitpunkt die Erfindernennung in den Patentschriften verpflichtend.

Zweimal extreme Brennweite – das Olympia-Sonnar

Neben der Entwicklung von Objektiven längerer Brennweite, wie dem Sonnar 1:2 /85 mm als Porträtobjektiv und dem Sonnar 1:4 /135 mm, muss insbesondere das Sonnar 1:2.8 /180 mm (26) erwähnt werden: Ein solches Teleobjektiv mit einer recht hohen Lichtstärke war das absolute Maximum, das mit den damals zur Verfügung stehenden Glassorten erreicht werden konnte. Dieses Objektiv für die Contax und für 35-mm-Filmkameras verwendete Leni Riefenstahl in ihrem Olympiade-Film von 1936. Ein Film, der durch seine filmtechnisch-künstlerischen Qualitäten beeindruckte, aber deshalb leider auch eine starke NS-Propagandawirkung hatte. Über die Verwendung bei diesem Filmprojekt wurde das Objektiv aber auch bekannt und bekam so die schöne Bezeichnung „Olympia-Sonnar“.

Vom Olympia-Sonnar konnte kein deutsches Patent gefunden werden, obwohl auf ein solches im entsprechenden amerikanischen Patent Bezug genommen wird. Unten links ein Schnitt des Objektivs, wie er in einer Zeiss-Darstellung zu finden ist, rechts eine Darstellung aus dem amerikanischen Patent – wohl eine Weiterentwicklung.

Dieses Objektiv, so schreibt Stephan Kölliker (27), „ist der Urtyp aller lichtstarken Sportobjektive. Mit der relativ lan-

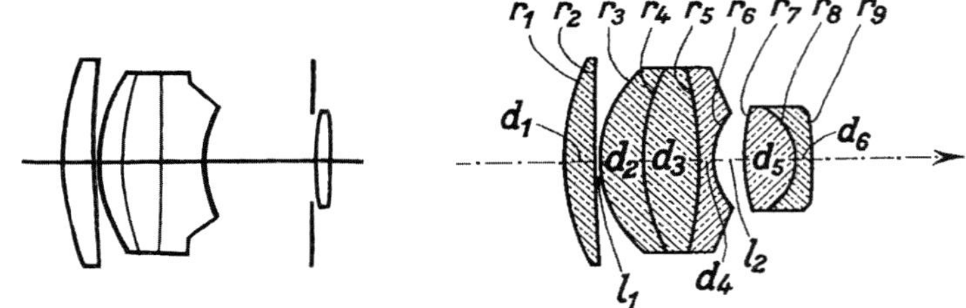

Oympia-Sonnar, Bildwinkel 18 Grad, f = 180 mm 1:2.8.
Links Darstellung Zeiss-Publikation, rechts amerikanisches Patent.

Contax mit Olympia-Sonnar und Flektroskop-Sucher.

gen Brennweite und der hohen Lichtstärke ermöglichte es erstmals das Einfrieren von schnellen Bewegungen und gewagten Sprüngen. Bei Offenblende entsteht eine angenehm sanfte, aber gleichzeitig sehr detailreiche Zeichnung über das ganze Bildfeld. Spitzlichter überstrahlen auf eine charakteristische Weise. Abgeblendet auf f 5.6 steigt der Mikrokontrast deutlich an.“

Die Contax war mit ihren technischen Rafinessen eine im Vergleich zur Leica relativ teure Kamera. Um auch günstigere Varianten anbieten zu können, wurde neben dem Standard-Sonnar 50 mm 1:1.5 auch die einfachere Sonnar-Variante 1:2 und das Tessar 1:3.5 angeboten.

Neben den schon erwähnten Objektiven längerer Brennweite stand ab 1936 den Fotografen auch ein Weitwinkelobjektiv mit der Brennweite 35 mm und dem Öffnungsverhältnis 1:3.5 zur Verfügung: das Biogon.

Das Biogon

Nachdem mit dem Olympia-Sonnar ein Teleobjektiv mit einem Bildwinkel von 15° entwickelt worden war, blieb nur noch eine Herausforderung: ein leistungsfähiges Weitwinkelobjektiv, nämlich ein Objektiv mit einem Aufnahmewinkel deutlich grösser als die 45° von Normalobjektiven, also einer kürzeren Brennweite. Entwicklungsarbeiten dazu konnten im Juni 1934 abgeschlossen werden: Das Objektiv 1:3.5 mit einer Brennweite von nur 35 mm, was einem Bildwinkel von mehr als 60° entspricht, konnte als Biogon zum Patent (28) angemeldet werden.

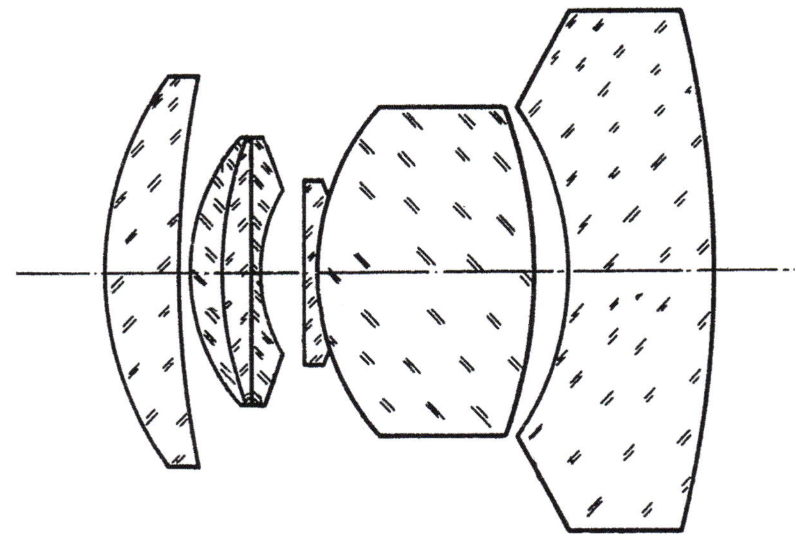

Biogon: Bildwinkel 62 Grad, f = 35 mm 1:2.8.

Olympiade 1936:
Leni Riefenstahl und ihre
Kameramänner in Aktion.

Dresden, Georgentor.
Aufnahme mit Olympia-Sonnar

Viele Musterobjektive vom Sonnartyp

Wie schon auf Seite 54 erwähnt, wurden seinerzeit wegen des grossen Rechenaufwands immer wieder Musterobjektive zur Qualitätskontrolle hergestellt. Der Sonnartyp wurde bei Zeiss offenbar breit erforscht, indem die Konstruktionsparameter wie auch Brennweite und Öffnungsverhältnis variiert wurden, immer auf der Suche nach optimalen Lösungen. Eine grosse Sammlung von Prototypen wurde derart aufgebaut. Allerdings: Nach Kriegsende wurde diese von den amerikanischen Truppen beschlagnahmt und Richtung USA abtransportiert.

Entsprechende Unterlagen hatte Willy Merté in Sicherheit bringen können. Eine Zusammenstellung derselben gelangte später in die Hände von Marco Cavina, dem italienischen Fotohistoriker. Auf seiner Webseite hat er die insbeondere für Sammler wertvollen Informationen grafisch aufgearbeitet und über Schnittbilder die Evolution der Objektive Ernostar und Sonnar dargestellt (25). Die in die USA abtransportierte Musterobjektiv-Sammlung wurde später verkauft und ist jetzt zersteut im Besitz verschiedener Sammler.

Das Weitwinkelokular

Wie erwähnt, hatte LJB nach seiner ersten Frust-Kündigung bei Ernemann (Ende 1923 oder Anfangs 1924) die Idee eines Weitwinkelokulars patentreif ausgearbeitet. Im Lizenzvertrag mit Ernemann hatte er sich damals klugerweise die Freiheit ausbedungen, die Erfindung in Eigenregie verwerten zu können, falls Ernemann sie nicht für die eigenen Feldstecher verwenden würde. Tatsächlich stellte Ernemann die Produktion von Feldstechern schon 1926 ein.

Verhandlungen mit Zeiss Jena sowie später mit seiner Lehrfirma Rodenstock führten zu neuen Lizenzverträgen. In der Folge wurde bei Krauss in Paris – einer Firma, die damals eng mit Zeiss zusammenarbeitete – ein Feldstecher *Grande champ 8 x 30* hergestellt. Bei Rodenstock, München, wurde ab circa 1929 das *Largo Lumar 8 x 30* produziert. Wegen der damals schlechten wirtschaftlichen Situation konnten jedoch leider nur kleine Stückzahlen gefertigt und abgesetzt werden. 1934 wurde deshalb auch bei Rodenstock die Feldstecherproduktion ganz eingestellt.

Bei Zeiss selbst wurde das Okular in Verbindung mit einem Stereo-Telemeter mit Wandermarke „*Dishaubi 2m*“ und „*Dishaubi 4m*“ sowie einem Reduktions-Tachymeter „*Dahlta*“ eingesetzt. In der Korrespondenz mit Zeiss werden auch Geräte mit den Bezeichnungen P.B.W.F. (?) und BZG (Bombenzielgerät) erwähnt, die mit den Weitwinkelokularen ausgerüstet wurden. Die Korrespondenz mit der Zeissschen Militärabteilung zeigt, wer der Abnehmer dieser Geräte war. Gesamthaft wurden von Zeiss bis Ablauf der Patente (17,18) etwas über 2000 Okulare fabriziert.

Der Feldstecher 8 x 30 der Firma Krauss: Die Bezeichnung „Grand champ“ verweist auf das – dank Weitwinkelokular – grosse Gesichtsfeld, was auch die weite Öffnung des Einblicks erkennen lässt.

Ludwig J. Bertele anlässlich eines Vortrags, etwa 1932: Der Brennpunkt liegt knapp ausserhalb des Tafelrands! LJB teilte sich der Fachwelt vor allem durch seine Patentschriften mit. Zu seinen Arbeiten äusserte er sich nur selten in Vorträgen oder in Fachzeitschriften.

Der Bruch mit Zeiss und der Wechsel zu Steinheil

Nachdem LJB Zeiss mit den verschiedenen Sonnar-Konstruktionen und dem Biogon in die komfortable Situation gebracht hatte, der Konkurrenz mehrere Nasenlängen voraus zu sein, wäre Dankbarkeit zu erwarten gewesen. Die menschliche Natur ist anders. Aus einer Notiz zu einer Besprechung anfangs 1940 geht hervor, dass Dr. Küpenbender ihn dahingehend informierte, dass die Geschäftsleitung beschlossen habe, die weitere Optikentwicklung ganz nach Jena zu verlegen. Er, Bertele, sei in Dresden mit seiner Crew für Spezialaufgaben, Sucher, Kondensatoren und allgemeine optische Beratungen zuständig. Als Alternative wurde die Möglichkeit des Dislozierens nach Jena und Das-sich-Einordnen in das dortige Team als Möglichkeit erwähnt. Der laufende Austausch von Ergebnissen der Entwickler wäre wichtig, um Doppelspurigkeiten zu vermeiden. Das jedoch war nicht sein Fall. Er hatte aus der Erfahrung gelernt: Ein erfolgreicher Nicht-Akademiker im Jenaer Akademikerclub, das wäre nicht gut gegangen!

Was LJB jetzt suchte, war eine neue Herausforderung. Am 14. Februar 1940 reichte er bei der Direktion der Firma Zeiss Ikon die Kündigung ein. Dies, nachdem er ein Angebot von Dipl.-Ing. Ludwig Franz, Leiter der Optikentwicklung bei der Firma Steinheil und Söhne GmbH in München, erhalten hatte. Vermittelt hatte ihn Albert Schacht, ein ehemaliger Dresdner Zeiss-Ikon-Mitarbeiter und Mitkonstrukteur der Contax. Jetzt, bei Steinheil, befasste sich Schacht mit der Entwicklung von optischen Ausrüstungen für U-Boote, Panzer und Flugzeuge. Zunächst würde es um Arbeiten in diesem Bereich gehen. Der Objektiventwicklung würde er sich kaum widmen können; diese müsse zurückgestellt werden bis nach dem Krieg.

Doch ganz so einfach ging es nicht mit der Kündigung. Zeiss stellte sich quer, wollte ihn doch nicht verlieren. Am 19. April 1940 erhielt LJB ein Schreiben vom Präsidenten des Landesarbeitsamtes Dresden: „Nach Hinweis auf die hohe staatspolitische Bedeutung der Aufgaben von Zeiss Ikon und deren hoher Bedeutung für die Reichsverteidigung muss bei den Anforderungen an die Betriebstreue im vorliegendem Fall ein besonders strenger Massstab angelegt werden.“ Die bereits ausgesprochene Kündigung wird anschliessend als rechtsunwirksam erklärt.

Ein solches Vorgehen entsprach dem Zeitgeist. Eine schwierige Situation. Einem Befehl von oben konnte nur begegnet werden mit einem Befehl von noch weiter oben. Albert Schacht hatte im Zusammenhang mit seiner Arbeit einen Draht zum Reichsminister für Luftfahrt und Oberbefehlshaber der Luftwaffe. Dieser gab am 18. Oktober 1941 Anweisung an den Reichsarbeitsminister: „Die Umsetzung des Objektivrechners Bertele von der Firma Zeiss Ikon AG zur Firma Optische Werke C.A. Steinheil Söhne GmbH [ist] durchzuführen.“ Mit dieser Anweisung im Hintergrund verfasste LJB jetzt ein definitives Kündigungsschreiben. Er verlässt Zeiss Ikon am 31. Dezember 1941.

Ein Wohnungswechsel von Dresden nach München wurde in Betracht gezogen. Doch bei einem Bombenangriff wurde die in München bereits angemietete Wohnung zerstört. LJB blieb mit dem eigenen Konstruktionsbüro in Dresden. Der Kontakt zu Steinheil war mit gelegentlichen Reisen nach München auch von hier aus möglich.

Die Patentanmeldungen (33) aus dieser Zeit zeigen, dass sein schöpferisches Potenzial trotz Widerwillen gegen die Arbeit an Ausrüstungen von Waffensystemen, um die es bei Steinheil ja zunächst ging, zumindest nicht blockiert war. Bei zwei Patenten ging es um ein Bombenabwurf- und Zielgerät mit Lotfernrohr, „Lotfe“. Bei einem der Patente ging es um eine Weiterentwicklung seines Weitwinkelokulars.

Die Liegenschaft Liebigstrasse 23

LJB wohnte weiterhin zusammen mit seiner Familie an der Liebigstrasse 23 in Dresden, einem Jugendstilmehrfamilienhaus, welches er 1937 hatte erwerben können. Die finanzielle Basis dazu waren die Lizenzeinahmen aus seinen Erfindungen.

Der Besitz des Hauses, das er gleich nach dem Erwerb einer gründlichen Sanierung unterzog, bedeutete ihm viel. Ihm, der bedrückende Armut im Elternhaus kennengelernt hatte, war es ein Symbol.

Die Liegenschaft und ihre Bewohner überstanden die Bombennacht vom 13./14. Februar 1945. Ein kleines Wunder: Die vier in den Ecken der Kreuzung Liebigstrasse/Bayreutherstrasse stehenden Häuser blieben unversehrt. Im weiteren Umkreis wurde alles zerstört.

Leider erlebte Ludwig J. Bertele die Wende von 1989 nicht mehr. Fünf Jahre nach seinem Ableben wäre das Haus wieder in seine Verfügungsgewalt gekommen. Allerdings in einem recht sanierungsbedürftigen Zustand. Es war der Entscheid seiner Frau und der beide Söhne, das historische Jugendstilhaus, welches während der Zeit der DDR-Verwaltung in ein Ärztehaus transformiert worden war, in seinem Andenken wieder in einen repräsentablen Zustand zu versetzen.

Flucht aus dem zerstörten Dresden

Nach der Zerstörung Dresdens sah LJB keinen Sinn darin, länger in dieser Stadt zu bleiben. Insbesondere, da vorauszusehen war, dass Dresden unter russische Besatzung kommen würde. Er hatte wegen seines Arbeitsverhältnisses mit der Firma Steinheil eine Dauerbewilligung für Reisen nach München. So gelang es ihm, für sich und seine Familie eine Fahrt mit der Deutschen Reichsbahn dorthin zu organisieren. Eine Fahrt mit Abenteuer. Auf offener Stecke hält der Zug. Alles aussteigen! Möglichst weit weg

Das bürgerliche, im Jugendstil erbaute Wohnhaus Liebigstrasse 23 in Dresden nach dem Erwerb 1937. LJB lebte mit seiner Familie in der Hochparterre-Wohnung links.

Das Haus Liebigstrasse 23, zur Zeit der DDR zum Ärztehaus transformiert. Nach der aufwendigen zweiten Sanierung 1990–2000 ist es heuter immer noch ein Ärztehaus mit Apotheke.

rennen und flach auf den Boden werfen! Dann: Beängstigend niedrig und mit tiefem Brummen überfliegt die Reisenden ein Bombergeschwader. Die Bombenlast wird zum Glück nicht für das Züglein vergeudet – nochmals überlebt ...!

Die Flüchtlinge aus Dresden fanden in Vierkirchen bei München im notdürftig ausgebauten Dachgeschoss eines Bauernhauses eine vorläufige Bleibe und erlebten dort das Ende des Krieges. Eine Episode dazu: LJB hatte bei der Flucht aus Dresden (mit relativ wenig Gepäck) ein für ihn wichtiges Gerät vergessen einzupacken. Es war seine Zeiss-Ermanox-Reflexkamera, die auch später nicht mehr gefunden wurde. Sie hatte natürlich einen besonderen Wert für ihn. Was er nicht vergessen hatte, war der 8 x 30 Rodenstock-Feldstecher mit dem Weitwinkelokular. In der Zeit des Mangels nach dem Krieg trennte er sich vom Feldstecher und erhielt dafür ein halbes Schwein, welches ein Vierkirchner Jäger und Bauer ihm dafür bot.

Auswandern?

Erstaunlich rasch bekam LJB Arbeitsangebote aus den USA und der Schweiz. Von seinem Amerikaaufenthalt 1929 war er enttäuscht aus diesem Land zurückgekommen. So war klar, wem er eine Zusage geben würde: Es war die Schweizer Firma Wild AG in Heerbrugg im St. Gallischen Rheintal. Die Entwicklungsaufgaben im Bereich Vermessungsoptik, die in Aussicht gestellt wurden, sahen nach einer echten neuen Herausforderung aus. Im Vergleich zu den bisher behandelten Problemen der Amateurfotografie ging es da um Anforderungen, die ihn quasi in eine höhere Liga beförderten. Ob er den Erwartungen würde entsprechen können?

Anfang 1946 nahm Ludwig J. Bertele mit seiner Familie Wohnsitz in der Schweiz, dem Land, das er in jungen Jahren schon mit seinem Harley-Davidson-Motorrad bereist hatte, dem Land auch, das ihn mit den Berglandschaften und den vielen blauen Seen schon damals begeisterte. Eine besondere Beziehung zu Bergen und dem Bergsport hatte er ja als Kletterer im Elbsandsteingebirge der Sächsischen Schweiz entwickelt. Nun, in der neuen Heimat, ersetzte er die damalige Leidenschaft fürs Klettern durch die Leidenschaft fürs Wandern. Auf solche Touren zu Fuss, im Winter auch mal mit den Skiern, nahm er jeweils gern einen der beiden Söhne mit.

Die Firma Wild, für die er von nun an tätig war, hatte sich ursprünglich mit der Entwicklung von Geräten zur terrestrischen Geodäsie befasst, den Theodoliten. Eine Erweiterung in den Bereich der Luftbild-Fotogrammetrie drängte sich auf. Diese moderne Technik zur Herstellung von Landkarten löste die Technik ab, bei der Landkarten durch terrestrische Vermessungen von Landmarken und Höhenbestimmungen durch Triangulationen erstellt wurden, was äusserst aufwendig war. Die modernen Landkarten entstehen heute ausnahmslos so: Ein Vermessungsflugzeug mit einer speziellen Aufnahmekamera überfliegt eine Landschaft, wobei eine Reihe sich überlappender Bilder aufgenommen wird. Diese Überlappung ermöglicht dann eine dreidimensionale Darstellung im Stereokartiergerät und damit eine dreidimensionale zeichnerische Darstellung. Da die Landkarten zweidimensional gedruckt werden, wird die dritte Dimension über Höhenkurven sichtbar gemacht.

Für diese Technik sind hochverzeichnungsfreie, scharfzeichnende Objektive mit einer Lichtstärke, die kurze Belichtungszeiten erlauben, Voraussetzung: Unschärfe wegen der Bewegung des Flugzeugs darf nicht zum Problem werden. Dass die Genauigkeit eines Kartenbildes direkt abhängig ist vom Korrektionsstand des Objektivs, ist klar. Die Vermessungsingenieure hatten jedoch einen weiteren Wunsch: Bei geringer Flughöhe sollte pro Aufnahme ein möglichst grosser Ausschnitt der Landschaft abgebildet werden. Die in der Luftbildkamera verwendeten Optiken sind deshalb Weitwinkelobjektive.

Extreme Anforderungen und die Lösungen

Ein erstes zu entwickelndes Objektiv sollte einen Bildwinkel von 60° auszeichnen. Wie wir wissen, hatte LJB schon 1934 für die Kleinbildkamera Contax ein Objektiv mit der Brennweite 35 mm und dem Öffnungsverhältnis 1:3.5 errechnet, welches als Biogon bekannt geworden war. Dieses einfach zu vergrössern auf die gewünschte Brennweite von 210 mm ging natürlich nicht. Die Aberrationen hätten sich proportional zur Brennweite ebenfalls versechsfacht. Nach einer Entwicklungszeit von gut zwei Jahren konnte LJB dann 1947 das erste für die Luftbildfotogrammetrie optimierte Objektiv vorstellen (34). Dieses, Aviotar getaufte Objektiv mit einem Bildwinkel von 60° bei einer Brennweite von 210 mm und f/1:4 zeigte bei einem Bildfor-

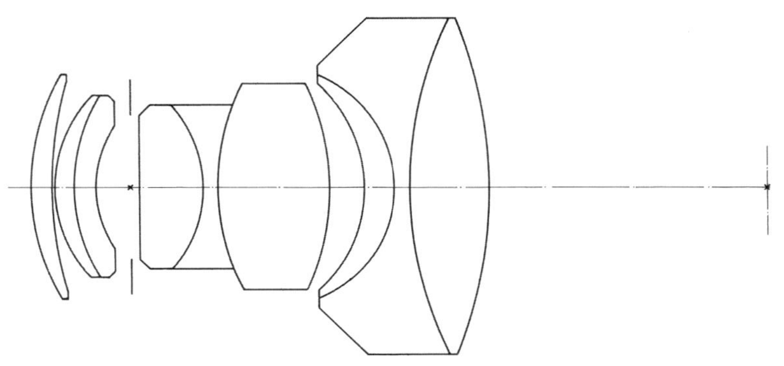

Das Aviotar, Bildwinkel 60 Grad, 1:4 (4 Glieder, 9 Linsen) für das Format 180 x 180 mm.

Das Bürogebäude der Heinrich Wild AG in Heerbrugg. Die Büros der optischen Entwicklungsabteilung von LJB befanden sich im zweiten, die der Direktion im dritten Stock.

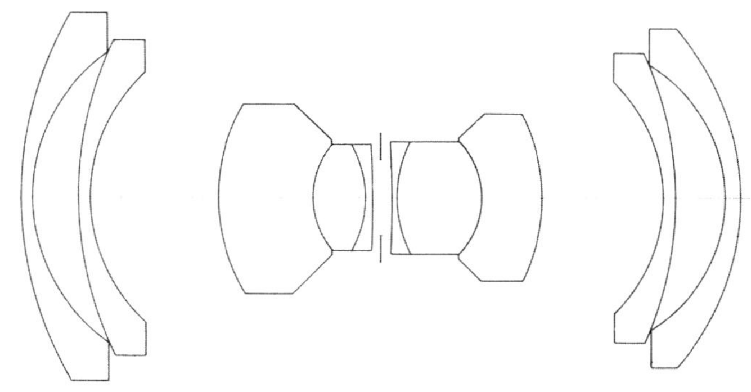

Das Aviogon, Bildwinkel 90 Grad, 1:4 (6 Glieder, 10 Linsen) für das Format 180 x 180 mm.

mat von 18 x 18 cm eine maximale Verzeichnung von weniger als 1/100 mm. Das Objektiv wurde 1948 am VI. Internationalen Kongress für Fotogrammetrie in Den Haag vorgestellt und in Fachkreisen bezüglich der optischen Leistung als sensationell empfunden und gewürdigt.

Einen Schritt weiter: 90° Bildwinkel

Schon während der Arbeiten am Aviotar begann LJB die Möglichkeiten zur weiteren Steigerung des Aufnahmewinkels zu explorieren. Versuche, das Konstruktionsprinzip des Biogon-Aviotars weiter zu entwickeln, zeigten, dass mit 60° die Grenze dieses Typs erreicht war. LJB erzählte, dass er dann zunächst nicht wusste, wie weiter. Bei Zeiss war wohl schon 1933 von R. Richter ein vierlinsiges Objektiv mit 90° Aufnahmewinkel entwickelt worden, das Topogon. Doch auf diese Konstruktion mochte er nicht zurückgreifen. Es folgte eine Zeit offenbar harter Arbeit, ein Forschungsabenteuer ins Ungewisse. Rechnungsunterlagen zeigen allerdings, dass er schon 1947 eine prinzipiell neuartige Linsenanordnung entwickelt hatte, welche dann tatsächlich die Lösung brachte. Doch erst 1950 war die Konstruktion so ausgereift, dass ein Patent (35) angemeldet werden konnte. Im Jahr 1952 wurde das Aviogon genannte Objektiv am VII. Internationalen Kongress für Fotogrammetrie, diesmal in Washington, vorgestellt.

Diese Meisterleistung mit dem Aufnahmewinkel von 90° hatte neben einer hohen Korrektur aller Aberrationen auch noch das Problem des Lichtabfalls gegen den Rand des Bildes gelöst. Bei Objektiven mit grossem Bildwinkel macht sich dieser nämlich sehr störend bemerkbar. Bei einer Lochkamera nimmt die Helligkeit des Bilds von der Bildmitte gegen den Rand hin ab. Dies, weil für die schräg einfallenden Lichtstrahlen die Lochöffnung mit zunehmendem Winkel eine immer flachere Ellipse wird. Mathematisch ausgedrückt: Die Helligkeit nimmt mit der vierten Potenz des Cosinus des Einfallswinkels ab. Es zeigte sich nun, dass das $\cos^4$-Gesetz nicht gottgegeben ist. Bei Objektiven wird das Loch der Lochkamera zur Blende. Hier besteht prinzipell die Möglichkeit, schräg einfallende Strahlen durch die Linsenformen derart zu lenken, dass diese in einem steileren Winkel durch die Blendenöffnung gehen als es ohne diese Massnahme der Fall wäre (siehe dazu Zeichnung und Bilder auf Seite 83). Es wird also bei einem bestimmten Einfallswinkel ein Strahlenbüschel grösseren Durchmessers durch die Blende gehen, als es ohne diese Ablenkung der Fall wäre. Nach dem Passieren der Blende geht das Strahlenbündel richtungskorrigiert weiter, sodass keine Verzeichnung resultiert. Dieser Effekt kann den Lichtabfall auf einen Wert weit unter $\cos^3$ senken, was beachtlich ist.

Dass dies realisiert werden konnte, erregte Staunen in der Fachwelt. Diesen Effekt hatte LJB schon beim 60°-Biogon gefunden. Nur war bei diesem Winkel der Lichtabfall zum Rand hin noch nicht relevant und wurde deshalb nur nebenbei erwähnt. Auch der russische Optikdesigner Mikhail Mikhailovich Rusinov hatte ihn an einer dem Aviogon ähnelnden Konstruktion, dem „Russar“, beschrieben. Ein französisches Patent (36), welches 1948 offengelegt wurde, zeigt dies. LJB legte jedoch Wert darauf festzuhalten, dass er 1948, als er Kenntnis erhielt vom Russar-Patent, seine Aviogon-Konstruktion in den Grundzügen schon entwickelt hatte. Das oben erwähnte Topogon-Objektiv zeigt diesen günstigen Einfluss auf den Lichtabfall nicht. Wegen seiner Vignettierung wird ein eher noch grösserer Lichtabfall beobachtet.

Noch einen Schritt weiter: 120° Bildwinkel

Das Konstruktionsprinzip für Objektive mit grossem Bildwinkel war gefunden. Noch grössere Winkel standen auf der Wunschliste der Geometer. Tatsächlich gelang es LJB 1956, mit dem

Superaviogon den Bildwinkel auf 120° zu steigern und dies bei bester Korrektur und minimaler Verzeichnung (37).

Das Reprogon-Objektiv

Üblicherweise werden Objektive für eine bestimmte Objektdistanz optimiert. Die für die Luftbildvermessung vorgesehenen Aviotar- und Aviogon-Objektive waren naturgemäss für den Aufnahmeabstand unendlich optimiert worden. Im Nahbereich wäre die Korrektur der Bildfehler nicht mehr optimal.

Für die Auswertung der mit den Aviotar und Aviogon-Objektiven aufgenommen Bilder mussten diese möglichst ohne Informationsverlust auf andere Formate vergrössert werden. Dazu wurde ein Objektiv benötigt, welches sich nicht durch extremen Winkel und Lichtstärke auszeichnete. Vielmehr sollte die optimale Korrektur gleichbleibend in einem weiten Bereich erhalten bleiben. Das Reprogon mit einer Brennweite von 150 mm, einem Öffnungsverhältnis von 1:5.6 und einem Bildwinkel von 72° ist für Abbildungen im Massstab 1:0.8 bis 1:7 praktisch verzeichnungsfrei (maximal ±0.05 mm). Die Auflösung des Objektivs mit 100 Linien pro mm im Zentrum und 60 Linien pro mm am Rand war grösser als diejenige der besten Luftbild-Aufnahmeobjektive. So war kein Informationsverlust beim Vergrössern zu befürchten.

Offensichtlich war diese besondere Anforderung nicht leicht zu erfüllen gewesen. 1954, bei der Vorstellung und Beschreibung des Reprogon-Objektivs im Opticus (38), veranschaulicht LJB den enormen Rechenaufwand, der nötig gewesen war, um dieses Objektiv in der benötigten Qualität zu schaffen: Trotz mechanischer Rechenmaschine (mehr dazu auf Seite 85) mussten von seinen Mitarbeiterinnen die Zwischenresultate notiert werden. Die Anzahl der geschriebenen Ziffern summierte sich dabei auf etwa 10^6 (1 Million), was eine Zahlenschlange von 7.6 km ergäbe, würden pro cm 5 Ziffern geschrieben.

Ab 1962 kam ein Reprogon 1:8 mit einem Bildwinkel von 90° zum Einsatz (39). Vorteil: kleineres Vergrösserungsgerät.

Eine Ehrung

Für seine Leistungen auf dem Gebiet der Fotogrammetrie wurde Ludwig J. Bertele 1956 am VIII. Internationalen Kongress für Fotogrammetrie in Stockholm mit der Verleihung der zum ersten Mal vergebenen Brook-Medaille geehrt. Bei diesem Anlass hielt er in einem Vortrag in dem er Einblick in Gedankengänge gab, die zur Entwicklung der Objektive Aviogon, Superaviogon und Reprogon führten.

Neue photogrammetrische Objektive

Vortrag gehalten am 8. Internationalen Kongress für Photogrammetrie. Stockholm, Juli 1956

Nachdem in den Jahren 1947 und 1948 ein verzeichnungsarmes, nach photogrammetrischen Begriffen lichtstarkes Normalwinkelobjektiv, das Aviotar 1:4, geschaffen wurde, waren noch drei Aufgaben zu lösen, nämlich die Schaffung eines ebenbürtigen Weitwinkelobjektivs, eines weitwinkligen Vergrösserungsobjektivs und eines Überweitwinkelobjektivs. Ich fasse die Besprechung dieser drei Objektive zusammen, weil mir ein Aufbau nach dem gleichen Prinzip vorschwebte. Meine Gedankengänge waren dabei folgende: Um bei der Entwicklung eines verzeichnungsfreien Weitwinkelobjektivs in Hinblick auf die zahlreichen zu behebenden Abbildungsfehler nicht schon von vornherein den Überblick zu verlieren, hat es sich als zweckmässig erwiesen, von einer Linsenfolge mit konzentrischen Krümmungen aller Linsenflächen auszugehen. Es stellt dann jede durch den gemeinsamen Mittelpunkt gezogene Linie eine optische Achse dar, weshalb sich bei Verwendung eines ebenso konzentrisch angebrachten kugelig geformten Schichtträgers ein Bildfeld von nahezu 180°, wenn

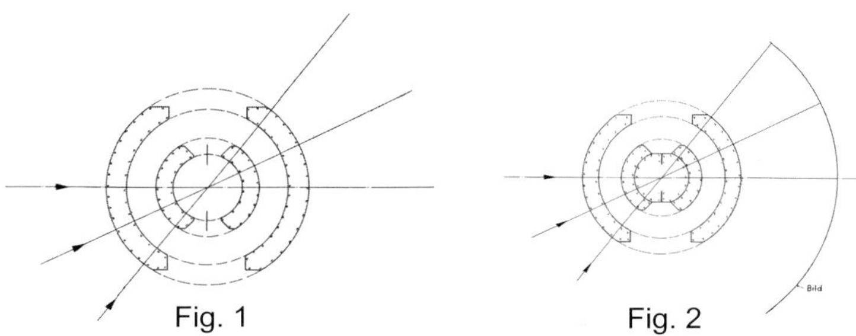

Fig. 1 Fig. 2

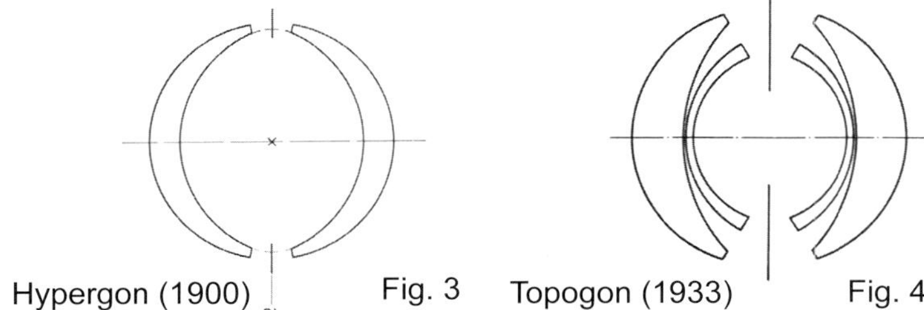

Hypergon (1900) Fig. 3 Topogon (1933) Fig. 4

vielleicht auch nicht in guter, so doch mit vollkommen gleichmässiger Bildqualität auszeichnen lässt, natürlich unter der Voraussetzung, dass ein solches System eine positive Brennweite ausweist. Da jedoch ein derartiger Schichtträger aus naheliegenden Gründen unerwünscht ist, muss fürs Erste eine Ebnung des Bildfelds bei Verzeichnungsfreiheit durchgeführt werden, wobei von der konzentrischen Anordnung einiger Linsenflächen abgegangen werden muss. Auf der erwähnten Grundlage gibt es nun zwei Möglichkeiten eines Aufbaus.

Entweder wird die Objektivmitte als eine von Glas umschlossene Luftkugel (Figur 1) oder als eine Glaskugel (Figur 2) ausgebildet, wobei ein in dieser Glaskugel zwecks Aufnahme der Irisblende vorgesehener Luftspalt mit annähernd planen Begrenzungsflächen bei dieser grundsätzlichen Betrachtung belanglos bleibt.

Die Charakteristik der Luftkugel hat Dr. R. Richter, ausgehend vom Hoeg'schen Hypergon (Figur 3) aus der Zeit der Jahrhundertwende weiterverfolgt und gelangte damit im Jahr 1933 zum bekannten Topogon (Figur 4).

Der andere Weg mit der Glaskugel wurde ebenfalls um die Jahrhundertwende von Steinheil angedeutet, allerdings nicht für einen so grossen Bildwinkel und einem ziemlich grossen Luftraum zwischen den beiden Kugelsegmenten (Figur 5). Eine Bedeutung hat diese Konstruktion damals nicht erlangt.

Als an mich die Aufgabe herantrat, ein Weitwinkelobjektiv von hohem Auflösungsvermögen zu entwickeln, griff ich auf eine in der Objektivmitte befindliche Glaskugel zurück, welche ich schon früher bei Vorarbeiten für ein weitwinkliges Reproduktionsobjektiv vorgesehen hatte. Umfangreiche Entwicklungsarbeiten zeigten, dass auf diesem Wege sowohl ein hohes Auflösungsvermögen als auch eine wirksame Vergrösserung der Eintrittspupille mit zunehmendem Einfallswinkel gegen die optische Achse erreicht werden konnte, ähnlich wie beim genannten Steinheilobjektiv. Ein solches Objektiv, genannt „Aviogon 90°" mit der Öffnung 1:5.6, wurde bereits mehrfach beschrieben und wird zur Zufriedenheit seit mehreren Jahren in der Praxis benützt (Figur 6).

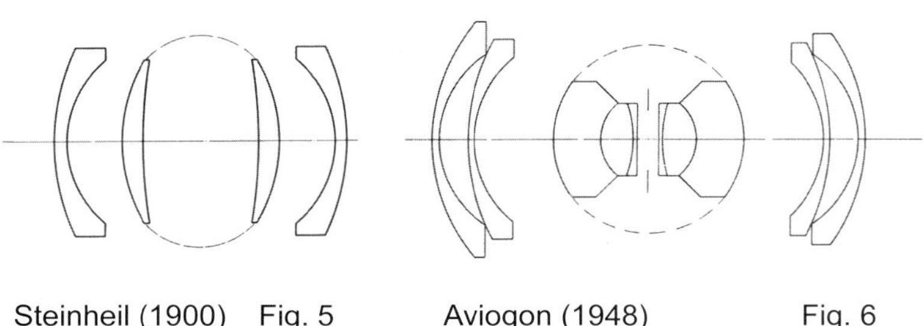

Steinheil (1900) Fig. 5 Aviogon (1948) Fig. 6

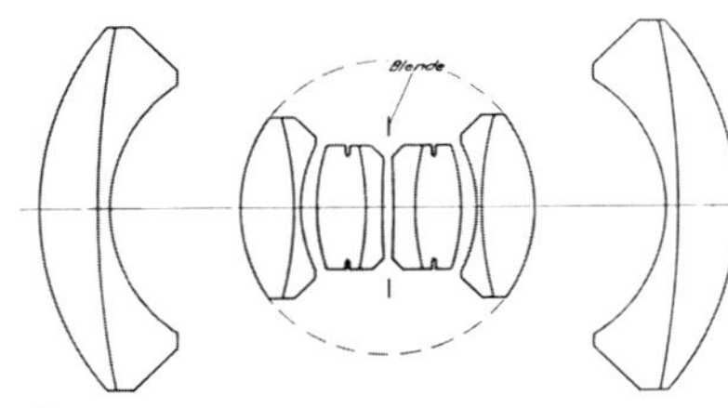

Reprogon (1955) Fig. 7

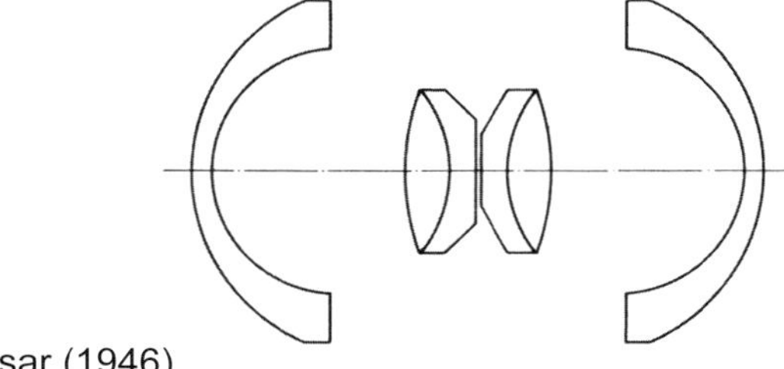

Russar (1946) Fig. 8

Nach der Entwicklung des Aviogons nahm ich die Arbeiten am Reproduktionsobjektiv wieder auf und es entstand das Reprogon 1:5.6 mit einem Bildwinkel von 73° (Figur 7).

Gegenüber einem Aufnahmeobjektiv muss bei einem Vergrösserungsobjektiv noch eine weitere optische Bedingung erfüllt werden und zwar soll die Eintrittspupille über den Bereich des ganzen Bildwinkels aberrationsfrei als Austrittspupille abgebildet werden, damit für die verschiedenen kontinuierlich einstellbaren Bildmassstäbe stets die optimale Schärfe und Verzeichnungsfreiheit gewährleistet bleibt. Bei gewissen Objektivtypen genügt dazu die Einschaltung einer planparallelen Platte zwischen Objektiv und Film. Beim Reprogon konnte dieses konstruktiv einfache Mittel nicht angewandt werden, aber durch die besondere Ausgestaltung der Linsenfolge liess sich schliesslich derselbe Effekt erzielen.

Einen völlig unabhängigen Weg ging Russinov in der Sowjetunion bei der Schaffung eines Überweitwinkelobjektivs für kleinmassstäbliche Kartographie. Er stand dabei vor dem Problem, in die Bildecken eine ausreichende Lichtmenge durch das Objektiv hindurchzuschleusen. Es ist interessant, wie er die Aufgabe löste. Er umbaute mit zwei streng halbkugelförmigen Menisken zwei sammelnde Innenglieder, deren konvexe Aussenflächen zum Unterschied vom Aviogon keine nahe beieinander liegenden Krümmungsmittelpunkte aufweisen und somit einem gegenüber der eingangs erwähnten Glaskugel wesentlich abweichendem Prinzip folgt. Das Objektiv von Russinov hat eine grösste Öffnung von 1:8. Über die Bildleistung ist mir nichts bekannt (Figur 8). Es war dies auf jeden Fall das erste Vermessungsobjektiv, welches eine höhere Helligkeit am Bildrand aufweist als dies dem damals von der Fachwelt für Objektive mit Innenblende nicht ganz richtig interpretierten Lambert'schen Gesetz vom Cosinus der vierten Potenz des Bildwinkels entspricht.

Um die Objektivreihe zu vervollständigen, habe ich zu den 60°- und 90°-Objektiven auch einen Überweitwinkler von 120° Bildwinkel auf der Aviogon-Basis mit ähnlicher Leistung entwickelt. Das Hauptproblem bei diesem grossen Bildwinkel habe ich schon bei der Erwähnung des Russinov'schen Objektivs genannt. Es hiess: ein Maximum an Licht in den Bildecken. Nach langwierigen Untersuchungen zeigte es sich, dass bei befriedigender Bildschärfe gegenüber dem Cosinus-Gesetz etwa der 2.5-fache Lichtstrom realisierbar ist. Ein solches Objektiv befindet sich in der ersten Erprobung (Figur 9).

Und zuletzt noch ein wichtiger Punkt: Bei der Entwicklung der Vermessungsobjektive wurde ein Verzeichnungsrest von weniger als 0.01 mm verlangt. Ich habe deshalb die Elimination der Verzeichnung nicht weiter getrieben, sobald dieselbe unter 10 Mikron lag. Die Photogrammeter sind nämlich mit Recht der

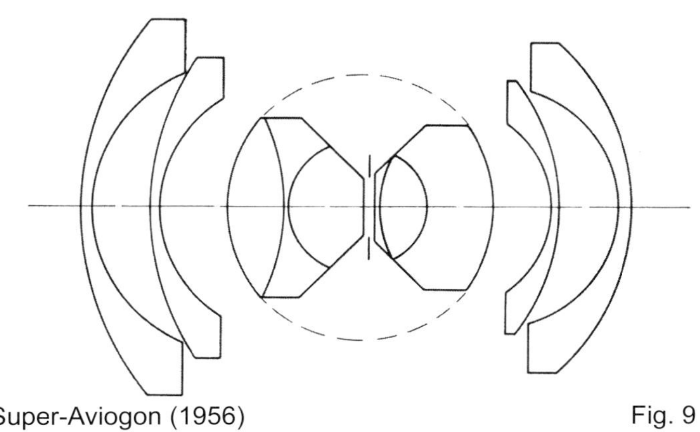

Super-Aviogon (1956) Fig. 9

Ansicht, dass es gleichgültig ist, ob z.B. 20 oder nur 5 Mikron kompensiert werden, da derartige Restverzeichnungen sich mit gleichem Aufwand auf einfachste Weise auf etwa 2 Mikron bringen lassen, wohingegen es kein nachträgliches Mittel gibt, um fehlende Schärfe oder mangelnde Eckenhelligkeit zu verbessern.

Das Trio Aviotar, Aviogon und Superaviogon

Diese Objektive erfuhren immer wieder Verbesserungen. Nicht nur, weil LJB die Wirkung und gegenseitige Beeinflussung der verschiedenen Elemente der Konstruktionen immer besser durchschaute, sondern weil die Forschung auch bei den optischen Gläsern nicht stillstand. So führte die Entwicklung dahin, dass um das Jahr 1960 die speziell für den Bereich des Infrarotlichts korrigierten Objektive – das Infratar, das Infragon und das Superinfragon – ersetzt werden konnten durch entsprechende Objektive, welche für den ganzen Spektralbereich inklusive Infrarot korrigiert waren. Diese Objektive wurden mit dem Adjektiv „universal" vor ihrem Namen gekennzeichnet und konnten dementsprechend auch universell eingesetzt werden: für die Belichtung von Schwarz/Weiss-Aufnahmematerial (höchste Schärfe), für Farb- und Falschfarbfilm (für beste Interpretation), aber auch für infrarot-sensibilisiertes Aufnahmematerial. Bilder, auf solcherart sensibilisiertem Film aufgenommen, lassen Unterschiede in der Vegetation deutlich werden.

Basierend auf den drei Grundtypen für die Luftbildfotogrammetrie entstanden verschiedene Spezialobjektive, die im Folgenden näher vorgestellt werden.

Ein Objektiv für die terrestrische Fotogrammetrie

Solche Objektive wurden einerseits für die stereometrische Vermessung und Dokumentation von aus der Luft nicht zugänglichen Geländemerkmalen benötigt, anderseits aber auch für die stereometrische Dokumentation von Objekten des Denkmalschutzes. Da hier Aufnahmegerät und Objekt unbeweglich sind, konnte bei diesem Objektiv auf eine hohe Lichtstärke verzichtet werden; f 1:8 genügte. Dafür lag der Anspruch bezüglich Schärfe und Verzeichnungsfreiheit sehr hoch. Wie wichtig stereoskopisch auswertbare Bilder für den Denkmalschutz sein können, zeigte sich eindrücklich am Beispiel der Buddhastatuen des Banyam-Tals in Afghanistan. Diese wurden 1974 von R. Kosta (40) dokumentiert. Durch die stereometrische Auswertung der Bilder war es möglich, von den riesigen Statuen, die bekanntlich von Taliban-Fanatikern im März 2001 gesprengt wurden, Abbilder mit „Höhenkurven" im Abstand von 20 cm zu erzeugen. Diese bildeten 2004 die Grundlage für die Herstellung eines Modells im Masstab 1:10 an der ETH Zürich. Eines Tages könnte auf diese Art eine Rekonstruktion dieser Kulturdenkmäler möglich werden. Rechts im Bild die räumliche Darstellung der mit 53 m Höhe grösseren der beiden Statuen.

Bild rechts: Die Auswertung der stereoskopischen Aufnahmen der 53 m hohen grossen Buddhastatue. Abstand der Höhenlinien: 20 cm.

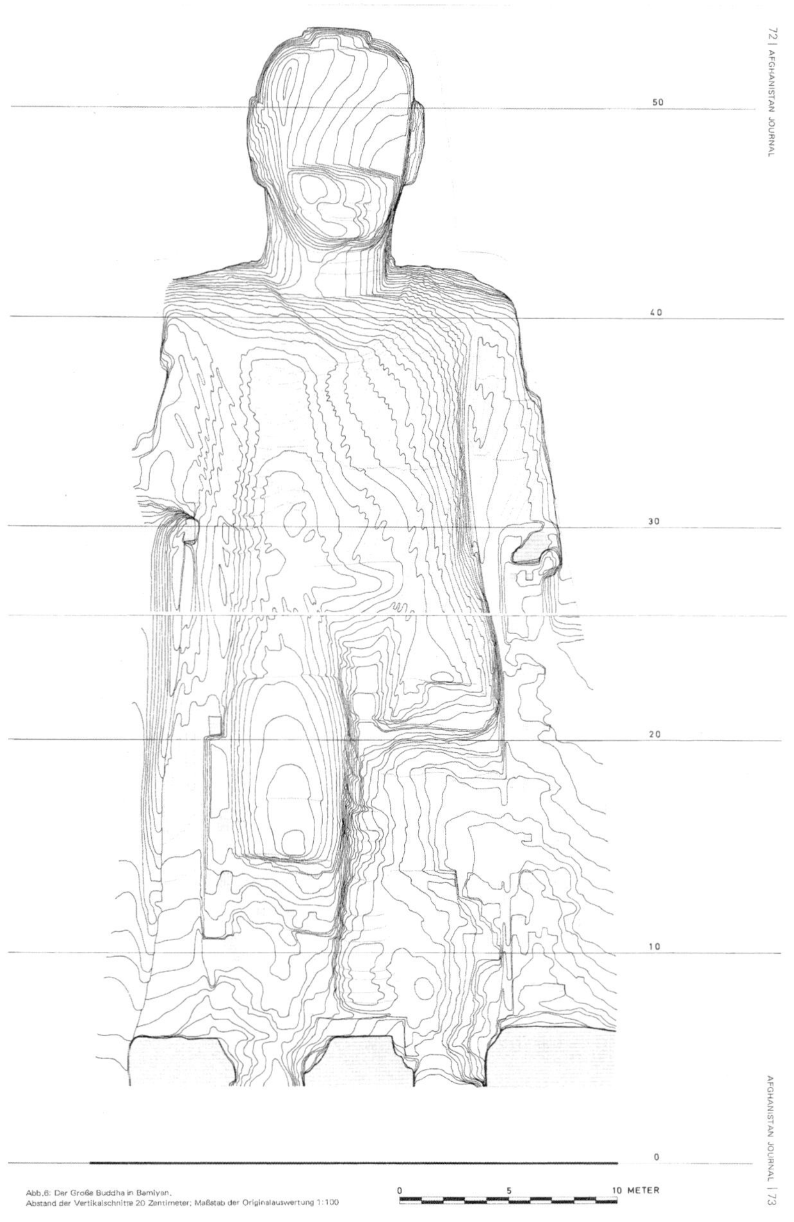

Die Falkonar- und Reconar-Objektive

Sehr schnell fliegende Militärflugzeuge sollen unter den Bedingungen ihrer hohen Geschwindigkeiten Aufnahmen für Aufklärungszwecke machen können. Dies erfordert extrem kurze Belichtungszeiten, um Bewegungsunschärfen zu verhindern. Ein Objektiv war zu entwickeln, welches sich sowohl durch sehr hohe Lichtstärke auszeichnen würde wie auch durch eine hohe Auflösung, d.h. Abbildungsschärfe. Hohe Verzeichnungsfreiheit war für diesen Spezialzweck nicht gefordert.

Um 1963 war die Entwicklung des Falkonar-Objektivs (41) abgeschlossen. Das Falkonar mit einem Bildwinkel von 18° und einer Brennweite von 250 mm für das Format 60 x 60 mm und einer Brennweite von 300 mm für das Format 70 x 70 mm hatte ein Öffnungverhältnis von 1:1.8. Die Lichtstärke dieses Objektivs wurde noch weiter gesteigert, so für die englische „Aerial-reconnaissance"-Vinten-Luftbildkamera auf 1:1.4 und schliesslich beim Reconar-Objektiv auf 1:1. Die Militärjets wurden immer schneller! Beim Schweizer Militär war es wohl das Mirage-Kampfflugzeug.

Das Falkonar-Objektiv „aerial reconnaissance."

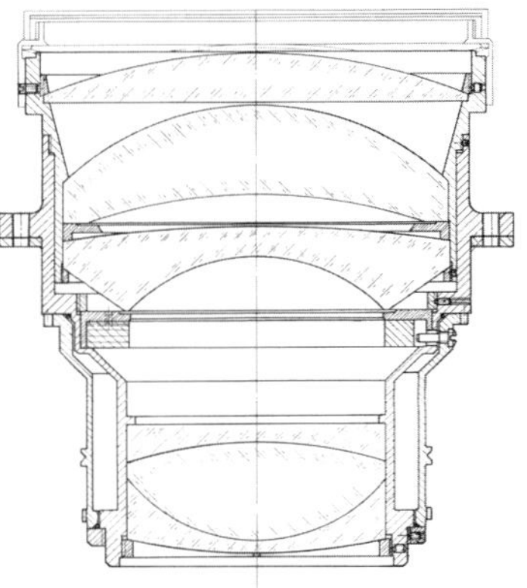

Das Falkonar-Objektiv: Schnitt Werkzeichnung (Wild).

Rapperswil

Aufnahme: Universal-Aviogon f 153 mm f/4 aus Pilatus Turboporter.
Flughöhe: 1700 m
Datum: Oktober 1981

Bad Ragaz

Aufnahme: Universal-Aviogon f 153 mm f/4 aus Pilatus Turboporter. Flughöhe: 1700 m Datum: Oktober 1981

Mündung des Alpenrheins in den Bodensee. Blick über den Bodensee Richtung Rheintal.

Schrägaufnahme mit Univeral-Aviogon II
f = 15 cm f/4

Kodak Aerochrom Infrared Film 2443

Flughöhe: 200 m

Aufnahme: ca. 1970

Blick über die Bergkette
der Churfirsten.
Rechts der Walensee,
links das Toggenburg.

Schrägaufnahme mit
Univeral-Aviogon II
f = 15 cm f/4

Kodak MS Aerographic
Film 2448

Flughöhe: 1200 m

Aufnahme: ca. 1970

Das Matterhorn.
Blick über das Nikolaital.

Schrägaufnahme Aviogon

Bild: ETH-Sammlung
ohne weitere Angaben

Das
Bilck

Schrägaufnahme Aviogon

Bild: ETH-Sammlung
ohne weitere Angaben

Das Orbigon-Objektiv

Auch die NASA-Ingenieure hatten einen Wunsch: Für die extraterrestische Fotogrammetrie, im Speziellen die kartografische Erfassung der Mondoberfläche, wurde ein Objektiv benötigt mit Spezifikationen, wie sie 1970 noch kein bekanntes Objektiv erfüllen konnte: *„Therefore, Dr. Bertele of the Wild Heerbrugg Ltd. was approached with the Problem of developping such a lens. This development was to be based on experience in the design of high-performance wide-angle systems currently used in precicion photogrammetry.“*(38) 1970 wurde zwischen Wild/Bertele ein Vertrag mit der NASA abgeschlossen. Das Objektiv sollte bei einer Brennweite von 80 mm das Format 114 x 114 mm auszeichnen, was einem Bildwinkel von 90° entspricht.

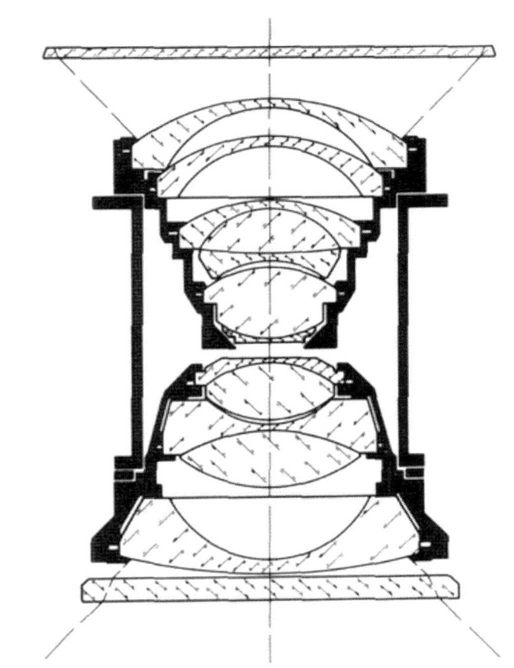

Schnitt: Orbigon-Objektiv nach einer Werkzeichnung.

Um Unschärfen durch die schnelle Bewegung des Satelliten zu vermeiden, waren auch hier kurze Belichtungszeiten vorgesehen: also ein möglichst grosses Öffnungsverhältnis. Schon 1968 hatte LJB zwei Patente (43) angemeldet, in denen ein Objektiv vom Aviogon-Typ mit deutlich gesteigerter Lichtstärke beschrieben wird. Doch erst 1972 wurde eine nochmals überarbeitete Konstruktion, das Orbigon, mit einem Öffnungsverhältnis von 1:3.5 der NASA ausgeliefert (44). Das Objektiv war für den Einsatz in der Apollo-17-Mission (oder einer der folgenden) bereit. Da die erste vorgesehene Mission offenbar ausfiel, ist uns nicht bekannt, ob und wann das Orbigon zum Einsatz kam.

Das Astrotar – Satellitenfotogrammetrie

Im Auftrag der NASA wurde für „Satellit-Tracking“-Kameras das Objektiv Astrotar 1:2,8 mit einer Brennweite von 305 mm und Bildwinkel 45° für das Bildformat 180 x 180mm entwickelt. In feststehenden (altaz-montierten) ballistischen Kameras wie Wild BC-4 bildete dieses Objektiv verzeichnungsfrei die Sterne am Nachthimmel ab. Die Sterne werden in der Langzeitbelichtung wegen der Erddrehung auf dem Film als Strichspuren aufgezeichnet. Ebenso wird auch die Bewegung der Satelliten als Strichspur abgebildet. Zum genauen Festhalten der Zeit wurden die Strichspuren in Zeitintervallen von einem quarzgesteuerten Rotationsverschluss unterbrochen. Die derart mit einer Minimalgenauigkeit von 0,001 sec dem Bild aufgeprägten Zeitmarken (als Unterbrüche der Strichspuren zu erkennen) erlaubten es dann, die genaue Position und Geschwindigkeit eines Satelliten zu einer bestimmten Zeit zu errechnen. Zur genauen Verfolgung und Lokalisation von Satelliten wurde ein Netz solcher Kameras über die ganze Erde verteilt. Für dieses Objektiv konnten wir keine Konstruktionsdaten mehr finden. Der Bildwinkel von 45° lässt vermuten, dass LJB hier auf eine Sonnar-Konstruktion zurückgegriffen hatte.

Der weite Winkel und der Lichtabfall

Wie LJB in seinem Vortrag in Stockholm (Seiten 71 ff.) schon deutlich hervorhob, waren es nicht nur die Verzeichnungsfreiheit und die Abbildungsschärfe, sondern vor allem auch der minimierte Lichtabfall zum Bildrand hin, welcher die Objektive der Aviogon-Familie auszeichnete und für die verschiedenen schon besprochenen Anwendungen praxistauglich machte.

Am nebenstehenden Linsenschnitt kann man gut erkennen, wie die schräg einfallenden Strahlen in ihrem Verlauf durch die beiden objektseitigen meniskenförmigen Linsen derart gelenkt werden, dass sie die Blendenöffnung bedeutend senkrechter passieren, als dies ihrem Einfallswinkel entspricht. Das Gegenteil geschieht beim Passieren der bildseitigen Menisken.

An den beiden Bildern mit senkrechtem und mit schrägem Blick auf das Weitwinkelobjektiv (Biogon 1:4.5 f=21 mm) ist bei gleicher Blendenstellung der Effekt deutlich sichtbar.

Beim Blick auf das Weitwinkelobjektiv kann der den Lichtabfall dämpfende Effekt schön beobachtet werden. Blickt man zunächst senkrecht auf die Frontlinse, erscheint die Blendenöffnung rund (wie zu erwarten). Während nun das Objektiv gedreht wird, sodass der Blick immer mehr schräg von der Seite auf die Blende fällt, wird diese nicht immer mehr zur Ellipse, wie es zu erwarten wäre. Sie erscheint weiterhin fast kreisförmig. Der Durchmesser ist sogar leicht vergrössert!

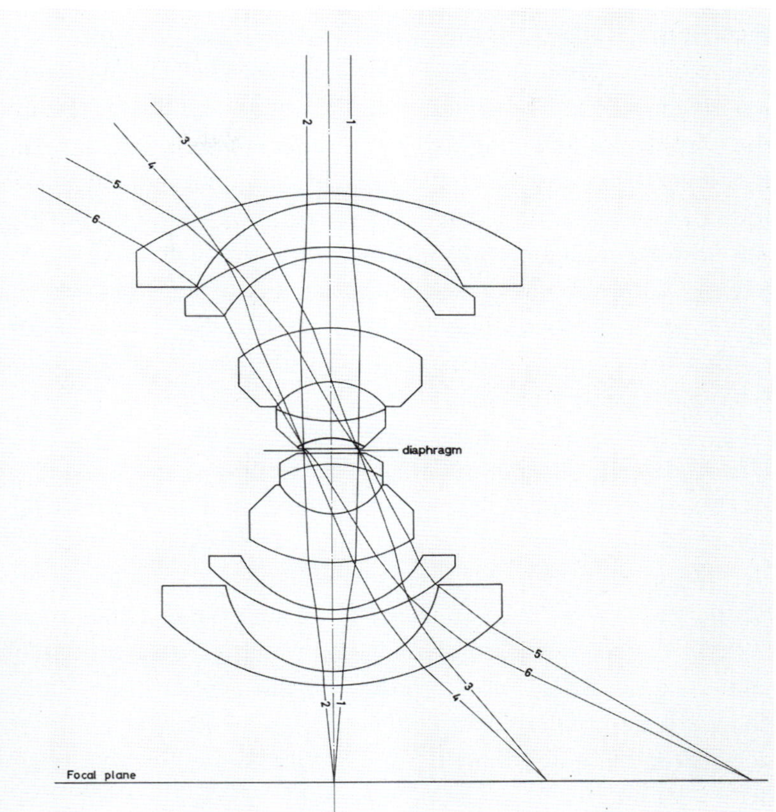

Der Schnitt durch ein Superaviogon-Objektiv mit dem Bildwinkel von 120 Grad zeigt, wie durch die besonderen konstruktiven Merkmale das Lambertsche $\cos^4$-Gesetz „ausgetrickst" werden kann. Im Schnitt sind die Strahlenbüschel mit maximalem Durchmesser gezeichnet.

Das achsenparallele Büschel:
Begrenzt durch die Strahlen 1 und 2.

Das mit einem Winkel von 45 Grad einfallende Büschel:
Begrenzt durch die Strahlen 3 und 4.

Das mit einem Winkel von 60 Grad einfallende Büschel:
Begrenzt durch die Strahlen 5 und 6.

Problem: Reflexionen bei Luft-Glas-Übergängen

Wie wir bei der Besprechung der Ernostar- und Sonnar-Konstruktionen gesehen haben, hatte es LJB seinerzeit fertiggebracht, mit einer minimalen Anzahl an Luft-Glas-Übergängen auszukommen. Dies, indem er die Linsen nach Möglichkeit verkittete. Er konnte damit Lichtverluste und Verschleierung des Bildes sehr gering halten. Mit einem Lichtverlust von etwa 4% bei jedem Glas-Luft-Übergang summierte sich der Verlust bei nur schon sechs solcher Übergänge auf gegen 25%! Die Aviogonkonstruktion zum Beispiel zeigt 12 Luft-Glas-Übergänge; das wäre nicht mehr möglich.

Die Entspiegelung von Glasoberflächen

Rechts im Bild sehen wir den ukrainischen Physiker Olexander Smakula, der im November 1935 als Zeiss-Mitarbeiter ein Verfahren patentierte (45), nach welchem Reflexe deutlich vermindert werden können. Wird nämlich auf eine Glasfläche eine Schicht aus einem niedrigbrechendem Material in einer Schichtdicke von Lambda-viertel aufgetragen, das heisst, einem Viertel der Wellenlänge des auftreffenden Lichts, so interferiert der an der oberen Seite der dünnen Schicht reflektierte Teil mit jenem, der an der unteren Seite der dünnen Schicht reflektiert wird, derart, dass sich die Wellenzüge gegenseitig auslöschen. Bei der Schichtdicke von einem Viertel der Wellenlänge des Lichts wird bei der Interferenz der beiden reflektierten Strahlen Wellental auf Wellenberg zu liegen kommen, was Löschung bedeutet. Die Energie bleibt jedoch erhalten: Das Licht geht unreflektiert durchs Glas – was eines der erstaunlichen Phänomene der Quantenphysik ist! Da die Schichtdicke nicht optimal sein kann für alle Wellenlängen, bleibt ein Verlust durch Reflexion von etwa 1%. Durch Mehrschichtvergütung, wie das Verfahren genannt wird, können heute Reflexionsverluste bis auf Werte von 0.1–0.2% gesenkt werden.

Im Bild: Olexander Smakula. Er hat durch die von ihm emtwickelte Technik der Linsenvergütung den Optikentwicklern ganz neue Möglichkeiten eröffnet.

Werkzeuge zur Berechnung des Strahlenverlaufs

Die Entwicklung eines optischen Systems stützt sich auf die Bestimmung des Verlaufs von Lichtstrahlen durch ein System von Linsen. Zunächst waren es, neben der Kenntnis des Brechungsgesetzes und den daraus abgeleiteten Formeln, Bleistift, Papier, die Logarithmentafel und die Sinustabelle, welche als Hilfsmittel das Errechnen der Strahlenverläufe ermöglichten. Wie schon gesagt, ein mühsames Geschäft. Eine erste Erleichterung für diese Arbeit brachten die mechanischen Rechenmaschinen. Addition, Subtraktion, Multiplikation wurde unter Geratter des Automaten durchgeführt. Es blieb die Eingabe der Werte und das Nachschlagen von Winkel und Sinus in der Tafel.

Die „Madas" wurde ab 1946 im Rechenbüro von LJB bei Wild in Heerbrugg eingesetzt. Rechenfehler wurden minimiert, indem paarweise gerechnet wurde. Schon in der Zeit bei Zeiss und dann bei Steinheil hatte LJB jeweils zwei Rechner/innen die gleiche Rechnung machen lassen. Durch gelegentliches Vergleichen der Resultate wurden Fehler früh entdeckt und eliminiert. Wie LJB erzählte, hatte er schon in Dresden für Mitarbeiter, die mit dieser „geisttötenden" Arbeit (wie er sich ausdrückte) beschäftigt waren, eine reduzierte Arbeitszeit von 36 Stunden durchgesetzt. Für seine Mitarbeiter/innen vernünftige Arbeitsbedingungen durchzusetzen, war ihm natürlich auch in Heerbrugg ein Anliegen.

Die grosse Wende betreffend Rechenaufwand kam, als Anfang 1959 bei Wild ein Zuse-Z22-Computer angeschafft wurde. Mit diesem Gerät, damals noch mit Röhren bestückt – der Transistor war noch nicht erfunden –, wurde die Rechnerei auf ein neues Niveau gehoben. Für das Durchrechnen von Strahlen mussten jetzt nur noch die einzelnen Parameter eingegeben werden und konnten danach auch einfach variiert werden. Es war zum Beispiel auch möglich, einen der Parameter dazu zu bestimmen, die Brennweite des Systems konstant zu halten.

LJB war mit Konrad Zuse persönlich bekannt; in einem Brief von 1964 gratulierte er dem Computererfinder zur Verleihung des Werner-von-Siemens-Rings und drückte gleichzeitig aus, wie er und seine Mitarbeiter sich jeden Tag über die wundervolle Idee der Programmsteuerung freuten. Der Computer erleichterte und beschleunigte die Entwicklungsarbeit ganz unerhört. Der Fortschritt blieb natürlich auch hier nicht stehen und die schwerfällig grossen, mit Röhren bestückten Maschinen konnten nach Erfindung des Transistors durch handlichere und natürlich auch sehr viel leistungsfähigere, schnellere Geräte ersetzt werden. Die neuen Modelle erlaubten es, die Rechenprogramme für immer komplexere Aufgabenstellungen zu erweitern. Diese Entwicklung führte dann auch zur Ansicht, dass der kreative Geist auf dem Gebiet des Objektivdesign ausgedient habe. Die „intelligente" Maschine würde das bald ganz übernehmen. Dieser unkritische Glaube, so ist es überliefert, liess den technischen Direktor Max Kreis in einer Diskussion LJB an den Kopf werfen: „Jetzt brauchen wir Sie ja nicht mehr, jetzt haben wir die Computer!" Was LJB einerseits recht betroffen machte und andererseits die seinerzeitig völlige Fehleinschätzung der Möglichkeiten des elekronischen Rechnens und der Komplexität der Optikforschung aufzeigt.

In einem Aufsatz (46) in der Hauszeitschrift „Opticus" hat Klaus Hildebrand, der Nachfolger von LJB in der Optikforschung bei der Wild AG, die Situation treffend etwa derart geschildert: „Eine einfache Rechnung zeigt, dass es eine schier unendliche Anzahl an Varianten eines zum Beispiel siebenlinsigen Objektivs gibt, wenn alle Kombinationen der vielen Linsenparameter, also Abstände, Dicken, Radien und Glastypen, möglich sein sollen. Prinzipiell könnte man einen Computer relativ einfach so programmieren, dass er alle diese Möglichkeiten errechnen, auf ihre optischen Qualitäten prüfen und die maximal korrigierten Systeme herausfiltern würde. Nur, auch

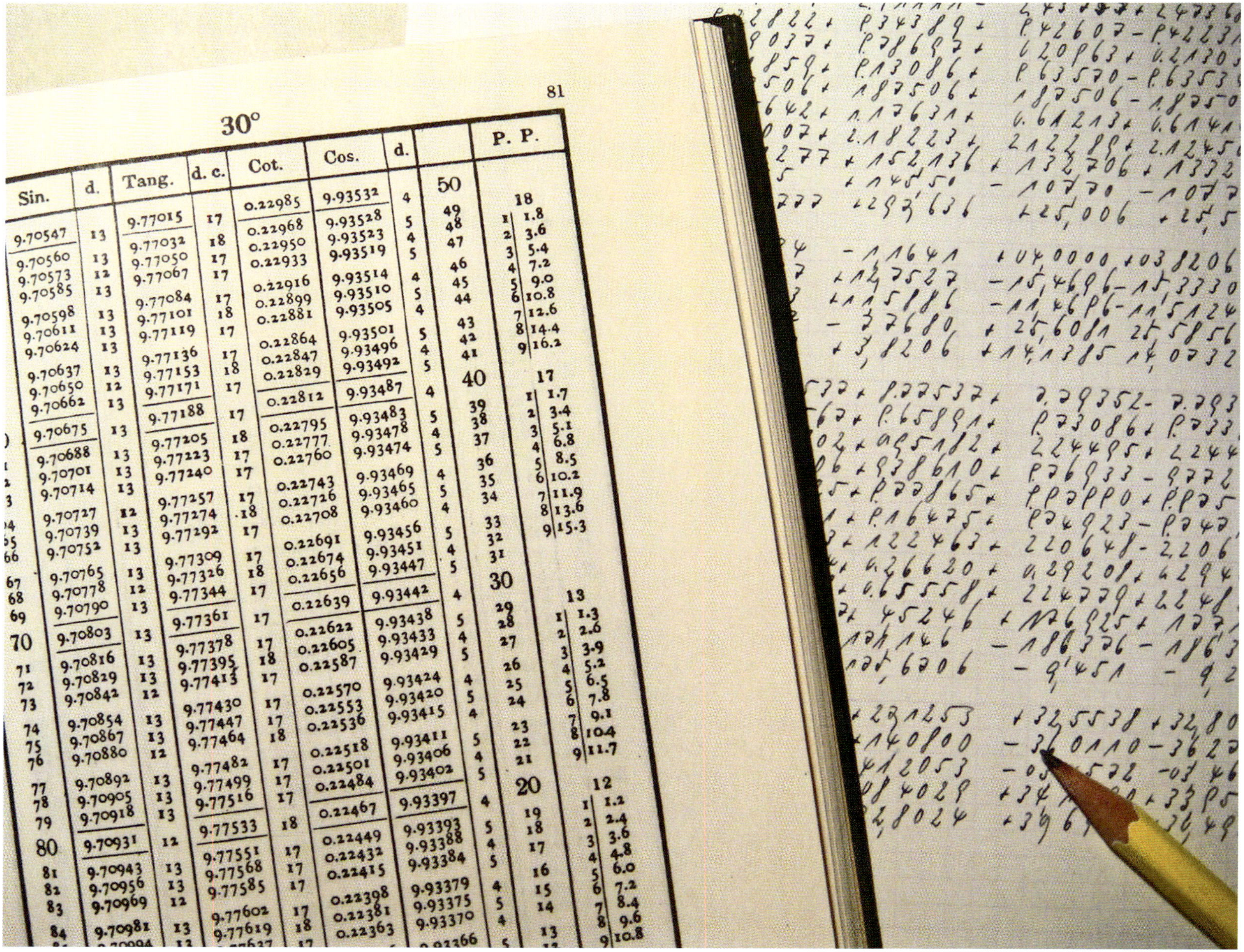
81
30°
Sin.
d.
Tang.
d. c.
Cot.
Cos.
d.
P. P.

die allerschnellsten Computer, wohl auch zukünftige, würden für diese Aufgabe Jahrmilliarden brauchen." Das heisst, auf den denkenden, kreativen Geist des Konstrukeurs wird man auch in der Zukunft nicht verzichten können, wenn auch die Arbeit durch die programmierbaren rechnenden „Helfer" sehr erleichtert und beschleunigt wird.

Bild linke Seite: Die ersten Werkzeuge – Logarithmentafel inklusive tabellierte Winkelfunktion, Papier und Bleistift. Das Blatt mit den Zahlenwerten unter der Logarithmentafel ist der Ausschnitt aus einer Rechnung in der persönlichen Handschrift von LJB.

Bild oben: Eine der mechanischen Madas-Rechenmaschinen, wie sie in Heerbrugg neben den Winkelfunktionstabellen bis zur Einführung der elektronischen Rechner im Jahr 1959 benutzt wurden.

Bild rechts oben: Konrad Zuse, der Erfinder und Entwickler des ersten brauchbaren elektronischen Rechners, welcher noch mit Röhren bestückt war.

Bild rechts unten: Die Z22, die erste elektronische Rechenmaschine, ab 1959 bei LJB in Heerbrugg im Einsatz.

Ein weiteres Kind des Aviogons – das Biogon 90°

In seinen Verträgen mit der Firma Wild hatte sich LJB ausbedungen, eventuelle mögliche Anwendungen seiner Konstruktionen im Bereich der Amateurfotografie in Eigenregie verwerten zu können. Für die leicht vereinfachte Konstruktion des 90°-Aviogons (47) bot sich natürlich Zeiss Opton als Lizenznehmer an. Dieses die Möglichkeiten der Amateurfotografie deutlich erweiternde Objektiv wurde denn auch von Zeiss hergestellt. In Anlehnung an das schon 1934 von LJB für die Contax errechnete 60°-Weitwinkelobjektiv, welches unter dem Namen Biogon bekannt geworden war, entschied sich Zeiss, auf dem hohen Bekanntheitsgrad des ersten Biogons aufzubauen, und wählte für das neue 90°-Objektiv ebenfalls die Bezeichnung Biogon, obwohl die Konstruktion ja sehr anders aussieht. Das Objektiv mit einer Brennweite von 21 mm und dem Öffnungsverhältnis von 1:4.5 wurde für die Filmformate 24 x 36 mm, 60 x 60 mm und 60 x 90 mm und Kameras wie Contax, Hasselblad und die Linhof Fachkamera hergestellt. Auch diesem Objektiv war ein ausserordentlich grosser Erfolg beschieden. In den USA und in England wurde das Objektiv für militärische Zwecke unter folgenden Namen in Lizenz gebaut: Als Aerogor von Goerz (American Optical Company), als Viewgon von der Firma Viewlex und als Paxar von der Firma Pacific Optical. Zum Teil wurde das Biogon 1:4.5 mit f=1½ und f=2 inch (f=38 mm und f=76 mm) für die amerikanischen Firmen auch von Wild geliefert.

Es ist nicht ganz verständlich, warum es keine Ableitung des 120°-Superaviogons für die Amateurfotografie gab. Wir vermuten, dass die relativ grosse hintere Linse es verunmöglichte, die Konstruktion als Wechselobjektiv für die gängigen Kameras zu konzipieren. Vermutlich waren auch die Marktchancen für eine Anpassung an die Hasselblad zur „Extrem-Superwide"-Kamera nicht hoch genug eingeschätzt worden.

Die schwierige Situation der Konkurenz

Auf dem Gebiet der Amateurfotografie herrschte grosser Konkurrenzdruck. Die konkurrierenden Firmen hatten jetzt ein Problem. Was sollten sie diesem Zeissschen Biogon entgegensetzen? Die Konstruktionen Aviogon und Biogon II waren durch Patente recht gut geschützt. Eigene Konstruktionen mit gleichwertiger Leistung fehlten. Um Lizenz nachsuchen? Eine eigene, möglichst bessere Konstruktion entwickeln? Das schien eher aussichtslos. Somit, quasi in die Ecke gedrängt, entschieden sich verschiedene Firmen für den Nachbau mit eventuell bedeutungslosen kleinen Änderungen an der ursprünglichen Bertele-Konstruktion. Die Firma Schneider lancierte ein Superangulon, die Firma Rodenstock ein Grandagon, die japanische Firma Nikon 1959 ein Nikkor 1:4 f = 21 mm, die ebenfalls japanische Firma Chiyoda Kogaku Seiko (Minolta) ein Super Wide Rokkor 1:4.5 f = 21 mm. Ein Hohn, wenn in der Werbung dieser Firma ihr Imitat mit dem folgenden Satz als eigene grossartige Leistung dargestellt wird: "This is a product of much painstaking work and research by the company´s technical staff." Leitz selbst hielt sich vornehm zurück. Von Schneider bezog Leitz das Superangulon. Inoffiziell wurde aber von Zeiss das Biogon auch mit dem Anschlussgewinde für die Leica geliefert.

LJB wies diese Firmen auf ihr Plagiieren hin. Doch mithilfe der firmeneigenen, raffiniert argumentierenden Anwälte wurde eine Patentverletzung jeweils vehement verneint. Mit juristischer Raffinesse wurden die eigentlich bedeutungslosen kleinen konstruktiven Änderungen zu wesentlichen neuen Merkmalen aufgebläht. Hinter LJB stand keine grosse Firma, welche einen längeren Rechtsstreit hätte finanzieren können. Obwohl der Anwalt von LJB ihm jeweils gute Chancen einräumte, resignierte er und verzichtete darauf, sich auf Gerichtsverfahren einzulassen. Zu hoch die veranschlagten Kosten für Gericht, Fachgutachter und Fachjuristen, bei in solchen Fällen letztlich doch immer ungewissem Ausgang. LJB, natürlich sehr enttäuscht über das unfair-kleinliche Verhalten der Firmen, entschied, seine Energien besser in weitere Forschungsprojekte zu investieren.

Zum besseren Verständnis ein Beispiel: Nebenstehend zwei Linsenschnitte aus Patentbeispielen. Oben das Bertele-Zeiss-Biogon II (47), unten das Angulon der Firma Schneider (48). Ein Studium der Patentschriften zeigt, dass die Klimt-Schneider-Konstruktion innerhalb der Patentansprüche des Bertele-Patents liegt. Jedoch: Im Linsenschnitt des Biogons befindet sich zwischen den Linsen B und C sowie D und E ein kleiner Luftraum. Im von LJB formulierten Patentanspruch wurde diesem aber keine exakte Grösse zugeschrieben. Dieser Luftraum könne zwischen Null und einem gewissen Bruchteil des Luftabstands zwischen dem äusseren und dem inneren Meniskus A und B sowie E und F liegen. Die Firma Schneider, das heisst ihre Optikdesigner, verkitteten die Linsen B und C sowie D und E. Sind sie mit dieser Massnahme dem Patentanspruch des Bertele-Patents entkommen? Die Logik der Schneiderschen Patentanwälte: Ein Luftraum von 0, wie ihn LJB als Grenzwert beansprucht, ist nicht identisch mit einem Abstand von 0 durch Verkittung. Bei Verkittung gibt es keinen Luftraum mehr. Eine juristische Spitzfindigkeit.

Interessant in diesem Zusammenhang ist, dass durch den Verzicht auf das Korrekturelement Luftlinsen die optische Leistung des Schneider-Objektivs deutlich schlechter wurde. Üblicherweise werden Patente für einen technischen Fortschritt beansprucht und erteilt!

Eine Steigerung des Öffnungsverhältnisses beim Biogon II war erwünscht. Untersuchungen, welche 1966 zu einem Patent (49) führten, zeigten – für LJB selbst völlig überraschend – dass es mit der Ausgestaltung genau dieser Luftlinse (zwischen L3 und L4) möglich ist, die Lichtststärke ohne negativen Einfluss auf die sphärische Aberration deutlich zu steigern. Wir zitieren dazu Erhard Glatzel, den Optikdesigner der Firma Zeiss,

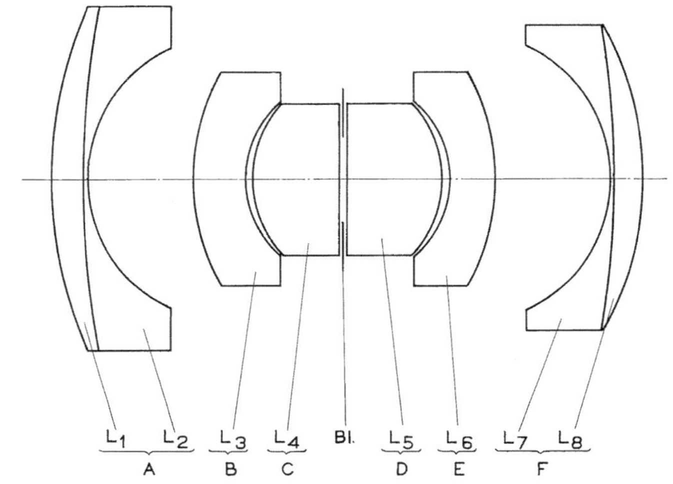

Das Zeiss-Biogon 90° 1:4.5 / 21 mm, Bertele-Patente. (47)

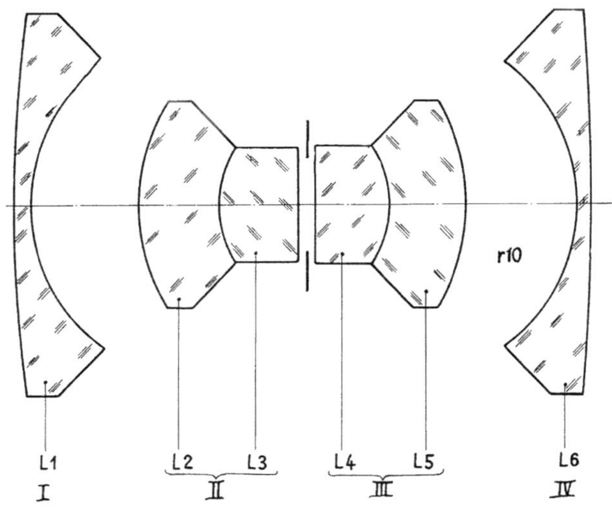

Das Schneider-Angulon 90° 1:4.5 / 21 mm, Klemt-Patent. (48)

aus einem Vortrag von 1969 (50): „Seit langem werden relativ grosse Öffnungsverhältnisse bei Weitwinkelobjektiven mit korrigierter Verzeichnung und Bildwinkeln von rund plus/minus 45 Grad gewünscht. Vor kurzem hat hier Bertele einen Schritt nach vorne gemacht. Die Linsenschnitte zweier Ausführungen dieses neuen Objektivtyps zeigen Objektive mit dem Öffnungsverhältnis 1:2.8 bei einem Bildwinkel 90 Grad. Sie enthalten zur Korrektion des Öffnungsfehlers 5. Ordnung einen Luftspalt zwischen der zweiten und dritten Linse.“

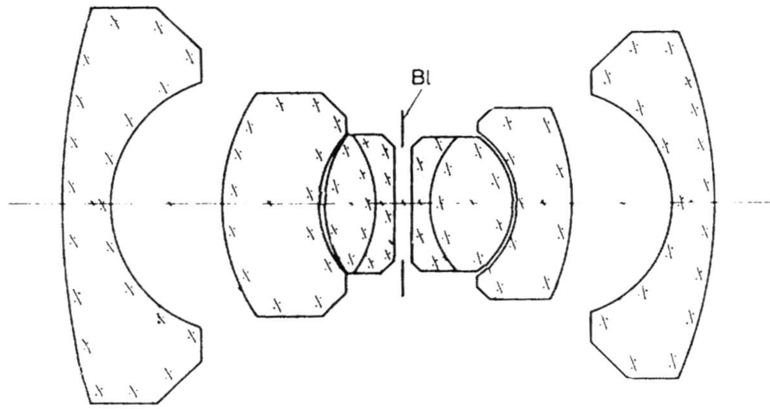

Die lichtstarke Biogon-Variante: Die als Luftlinse ausgebildete Spalte zwischen zweiter und dritter Linse war in überraschender Weise ein starkes Korrekturmittel – was auch für den Fachmann nicht vorherzusehen war. Als LJB für dieses Merkmal Patentschutz beantragte, verweigerte der deutsche Patentprüfer einen solchen. Das Einfügen einer solchen Luftlinse fand er banal. Ein Schweizer Patent wurde erteilt.

Der blinde Losverkäufer in München am Stachus, ca. 1955.
Aufnahme: Contax mit Biogon 1:4,5 / f = 21 mm.

Ein Nachkriegsmodell der Messsucherkamera Contax mit dem Biogon 1:4.5 / f = 21 mm.

Die Karriere des Biogons im Weltraum

Viktor Hasselblad hatte schon früh die Palette der Zeiss-Objektive zu seiner Mittelformat-Spiegelreflexkamera um das Biogon erweitert. Für dieses Objektiv wurde sogar eine besondere Kameraeinheit entwickelt. Die Hasselblad-Kamera wurde von der NASA auserwählt, um ihre Gemini-Flüge (1965/66) und später die Apollo-Missionen (1968 bis 1972) zu dokumentieren.
Die Astronauten Conrad und Gordon machten aus der Gemini-11-Kapsel einzigartige Aufnahmen mit einer Hasselblad mit dem Biogon 1:4.5 /38 mm.

Die Hasselblad-Kamera, wie sie die Gemini-Flüge begleitete.

Aufnahme vom 14. September 1966: „From the orbiting Gemini 11 Spacecraft at an altitude of 410 nautical miles during its 26th revolution of Earth. The Indian Ocean is at bottom of picture; at left center is Arabian Sea; and at upper right is Bay of Bengal. The Maledives Islands are near nose of spacecraft.“

Bild NASA S66-54677

Aufnahme vom
14. November 1966:

United Arab Republic (Egypt) area as seen from the Gemini 12 spacecraft during its 39th revolution of Earth, looking southeast. Nile River is in center of picture. At bottom center is the Sinai Peninsula. Arabian Peninsula is at lower left. Large body of water is Red Sea. Gulf of Aqaba is on east side of Sinai Peninsula. Gulf of Suez separates Sinai from Egyptian mainland.

Bild NASA S66-63533

Aufnahme vom
14. September 1966:

China, India, and Nepal, looking east, as seen from the Gemini-11 spacecraft during its 37th revolution of Earth. The Great Himalaya Mountain Range is clearly visible.

Bild NASA S66-54839

Bei den Apollo-Missionen kam eine speziell für die NASA gefertigte Hasselblad-Kamera zum Einsatz. Auf den folgenden Seiten einige Bildbeispiele im Zusammenhang mit den Mondlandungen.

Aufnahme vom
20. Juli 1969:

A close-up view of an astronaut's bootprint in the lunar soil, photographed with a 60 mm lunar surface camera* during the Apollo 11 extravehicular activity (EVA) on the moon. While astronauts Neil A. Armstrong, commander, and Edwin E. Aldrin Jr., lunar module pilot, descended in the Lunar Module (LM) „Eagle“ to explore the Sea of Tranquility region of the moon, astronaut Michael Collins, command module pilot, remained with the Command and Service Modules (CSM) „Columbia“ in lunar orbit.

*Spezial-Biogon f: 60 mm

Bild NASA AS11-40-5878

Aufnahme
Apollo-11-Mission.

Vom 19–21 Juli 1969 kreiste Michael Collins 30 mal in der Columbia um den Mond. In dieser Zeit konnte er Bilder von der Mondoberfläche schiessen. Dies, während seine Kollegen Neil Armstrong und Edwin „Buzz“ Aldrin mit der Mondlandefähre auf die Mondoberfläche abstiegen.

Auf dem Bild:
Part of orbital lunar horizon sequence across southwest. Mare Tranquillitatis. Sabine and Ritter at upper right. Schmidt is centre.

Bild NASA AS11-41-6122

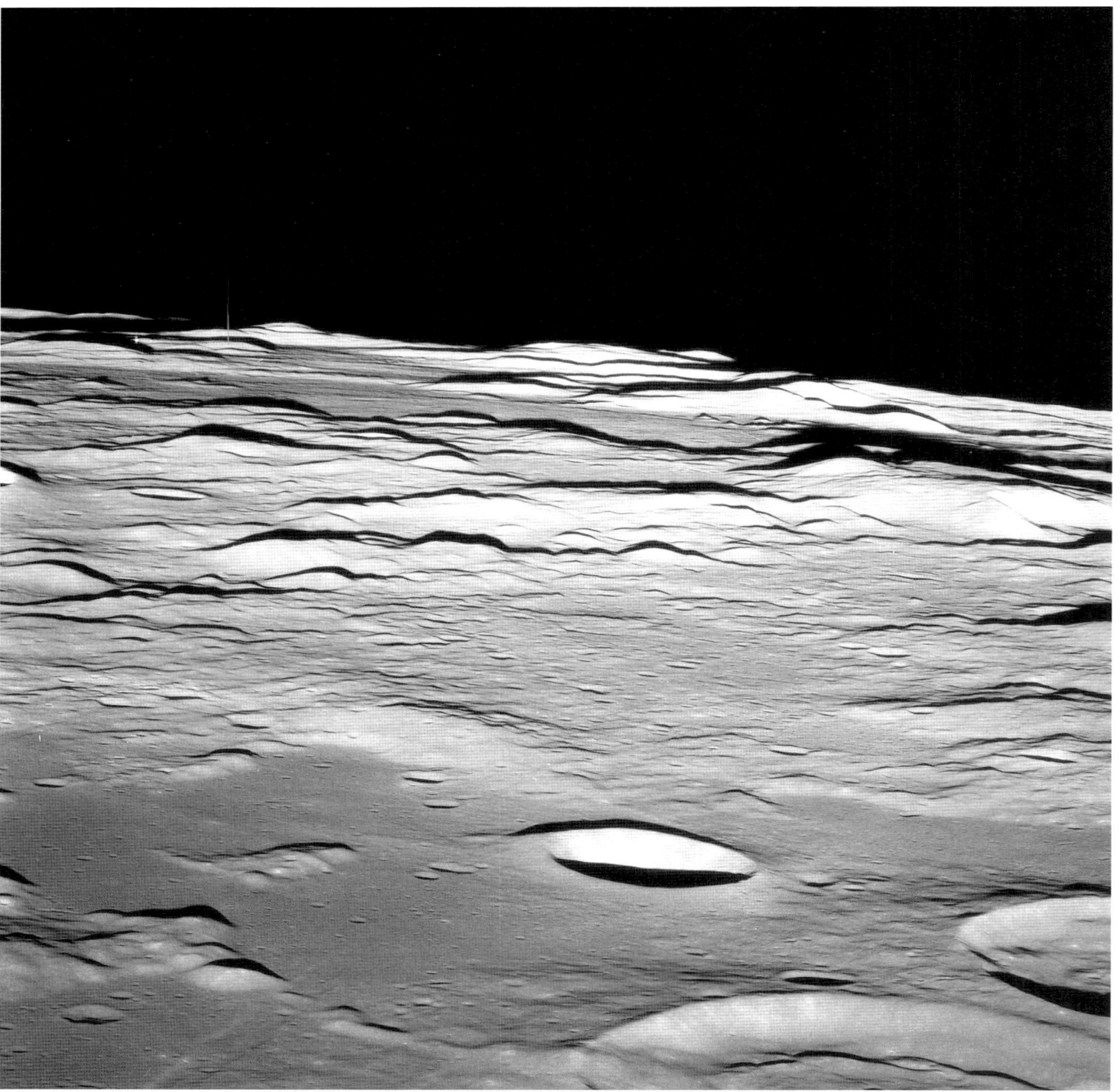

Apollo 17

Gene is taking the LRV for a test spin, going clockwise around the LM. He is south of the LM and Bear Mountain is the distant dome over the front wheels. Note that the geopost, behind the seats, is raised. Poppie Crater is beyond the LRV, with Gene's helmet blocking our view of part of the south rim. Note the crater east of the LM strut.

Bild NASA AS17-147-22521

Neben den Kameras für die Luftbild-Fotogrammetrie waren im Programm der Firma Wild AG auch hochwertige Mikroskope, Theodoliten und Geräte für militärische Anwendungen. Eine ganze Reihe von Patenten (52) zeigen, dass LJB auch für all diese Instrumente originelle Optiken entwickelte, die oft ebenfalls bahnbrechend neue Lösungen darstellten.

Mikroskopentwicklung

Mikroskope bestehen üblicherweise aus drei Teilen. Da ist einmal das Objektiv, welches ein vergrössertes Lufbild des Objekts erzeugt, dann das sogenannte Okular, durch welches das vom Objektiv erzeugte Luftbild betrachtet wird und welches dieses nochmals vergrössert. Objektive und Okulare stehen bei höherwertigen Mikroskopen in verschiedenen Vergrösserungsfaktoren zur Verfügung, sind also austauchschbar. Der dritte Teil, der Kondensor (53), ist für die Beleuchtung des Objekts zuständig. Wobei je nachdem, wie das Licht auf das Objekt fällt, unterschieden wird zwischen Hellfeld- und Dunkelfeldbeleuchtung sowie dem Phasenkontrastverfahren. LJB schuf für die hochwertigen Wild-Mikroskope die Reihe der Fluotar-Objektive. Wobei auf das 100-fach vergrössernde Fluotar (55) ein Ölimmersionsobjektiv* mit einer numerischen Apertur von 1,3 besonders hingewiesen werden muss. Dieses Objektiv zeigte, neben der grossen Apertur, eine nahezu perfekte Bildebnung. Mit diesem Mikroskopobjektiv war LJB auch auf diesem Gebiet eine bahnbrechende Konstruktion gelungen. Wegen der schlechten Bildebnung bisheriger Objektive mit dieser starken Vergrösserung konnte beim Blick durch das Mikroskop nicht das ganze Bildfeld gleichzeitig scharf gesehen werden. Je nach Fokussierung betraf dies entweder das Zentrum oder der Randbereich. Das Fluotar 100x ermöglichte erstmals Foto- und Filmaufnahmen durchs Mikroskop mit gleichmässiger Schärfe über das ganze Bildfeld.

Die Okulare

Wie wir schon gesehen haben, ist neben dem Objektiv das Okular die zweite wichtige Komponente eines Lichtmikroskops. Für die Betrachtung der durch die von LJB neu konzipierten Mikroskopobjektive waren entsprechend hochwertige Okulare wichtig. Da konnte LJB auf die langjährige Erfahrung und Entwicklungsarbeit zurückgreifen, die er seit seinem ersten

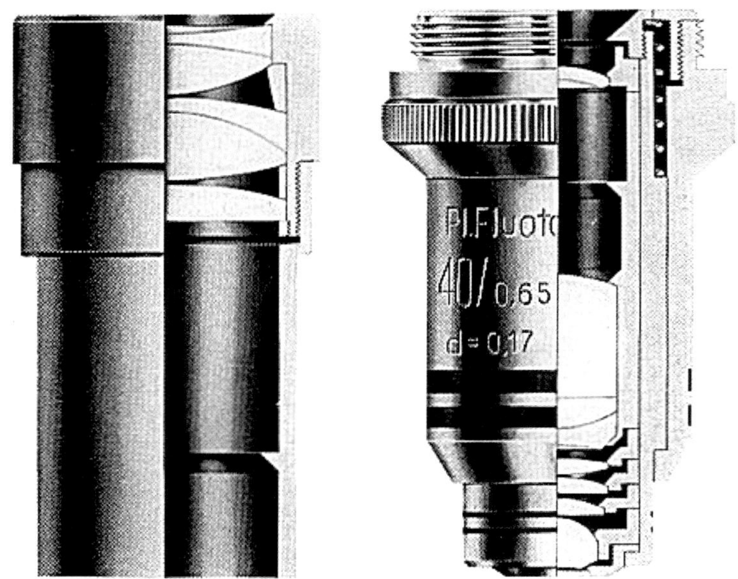

Aus einem „Wild"-Prospekt: Okular und Objektiv mit 40-facher Vergrösserung.

* Ölimmersion: Bei Objektiven mit hohem Vergrösserungsfaktor wird der optisch störende Luftspalt zwischen Deckglas und erster Objektiv linse mit einem speziellen Öl gefüllt.

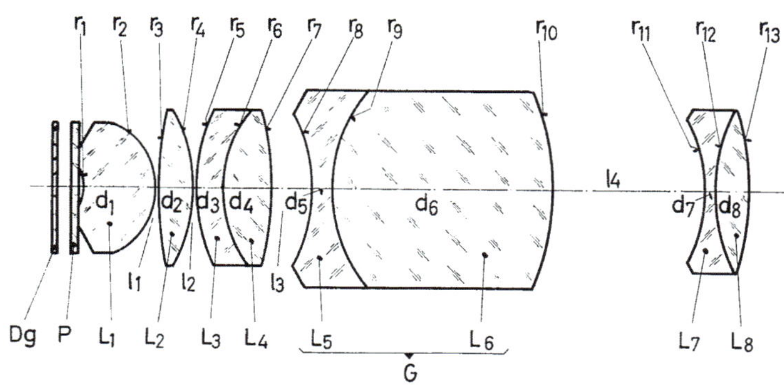

Schnitt durch das 40-fach-Planfluotar (53).

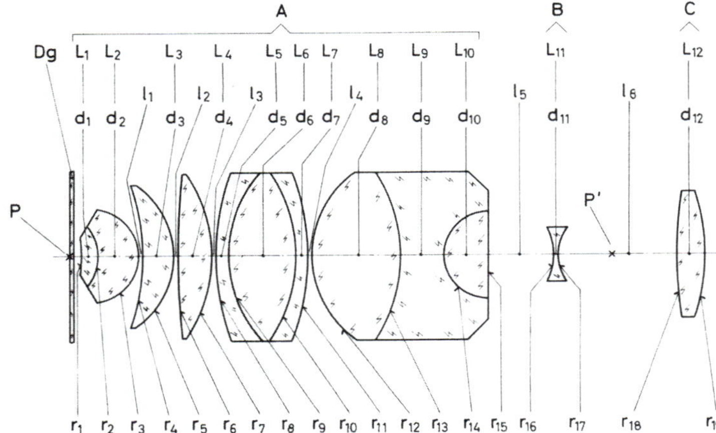

Schnitt durch das 100-fach-Planfluotar (54).

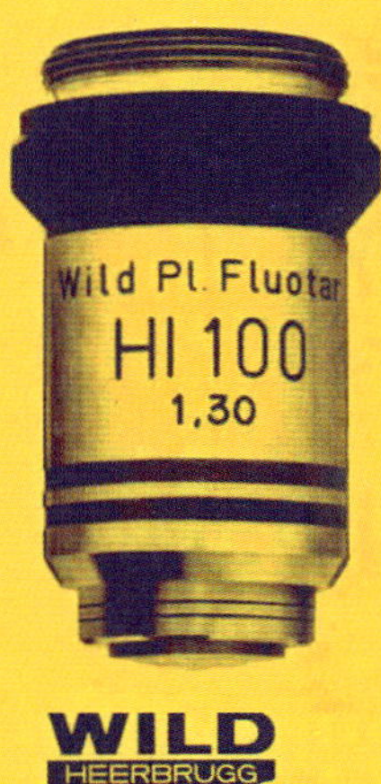

Wild Plan-Fluotar Objectives and Wide Field Eyepieces

Wild Fluotars are microscope objectives which incorporate a number of fluorite lenses and are designed to obtain a superior colour correction, which extends over a much greater spectral range than that found in achromatic objectives. Although they are less expensive than full apochromats, their colour correction leaves very little to be desired. Impressive image definition is achieved with excellent sharpness, brilliance and contrast.

Conventional objectives will produce a curved image surface of a plane area in the specimen. This curvature of field means that with very thin sections, or planes in thicker specimens, it is not possible to obtain an image which is in sharp focus over the whole field at the same time, either for visual observation or for photomicrography. With **Plan-Fluotar** flat field objectives, however, curvature of field is completely absent. Thus, in addition to optimum image definition, Plan-Fluotars provide an image which is flat and sharp over the whole field, right up to the edge. The **Wild wide field, compensating eyepieces** have been specially designed to take advantage of the flat field of the Plan-Fluotars to its fullest extent, giving an extremely large field with optimum peripheral sharpness.

Their high eyepoint makes them suitable for spectacle wearers, as well as for normal-sighted observers.

Apart from their general value for all routine and research work, the Plan-Fluotar/wide field combinations are particularly useful for the investigation of very thin sections and smears. The large field is also very practical for quick specimen scanning, an advantage which has been quickly appreciated in diagnostic work. Perhaps their main application, however, lies in photomicrography and micro-projection, where their image-flattening properties produce a much more satisfactory and useful picture.

Weitwinkelokularpatent von 1924 geleistet hatte. Im Vordergrund stand damals zunächst die Anwendung in Feldstechern. Sie bewährten sich dort. Doch die schwierige Wirtschaftslage jener Zeit zwang die verschiedenen Firmen zur Aufgabe dieses Geschäftszweigs.

Jedoch: Alle Instrumente für visuelle Beobachtungen benötigen Okulare. In der Zeit der militärischen Aufrüstung und der Kriegszeit fand dann das Bertelesche Patent Anwendung in Geräten wie Zielfernrohren, Periskopen, Goniometern und Telemetern. Dies bei Zeiss Jena und, nach seinem Wechsel zur Münchner Firma Steinheil, auch in Geräten wie einem Reflexvisier und einem Bombenzielgerät (33).

Bei Wild wurde zunächst eine Weiterentwicklung des Weitwinkelokulars (20) durch den Mikroskopbau stimuliert.

Weitere Anwendungen bei Wild ergaben sich einerseits über die ursprüngliche Spezialität der Firma, die terrestrischen Vermessungsgeräte (Theodoliten), anderseits aber wieder im militärischen Bereich, jetzt für die Schweizer Armee. Hier gab es einen Bedarf an optischen Geräten für visuelle Beobachtungen und Messungen, die alle Okulare benötigen. Beispiele aus dem diesbezüglichen Wildschen Fabrikationsprogamm sind: Zielfernrohr für 7.5 cm Flabkanone, Panzerwagenfernrohr AMX13, Binokulargoniometer GB6, Koinzidenztelemeter TM10 Basis 50 cm, Koinzidenztelemeter TM2 Basis 80 cm (52) sowie ein optisches System für Periskope (52), welches bis zum 15-fachen der Brennweite verlängert werden konnte. Ein solches Periskop wurde wohl für das Venom-Flugzeug geliefert.

Doch bezüglich Theorie und Aufbau der Okulare können wir LJB selbst das Wort erteilen, hat er doch in der Wildschen Hauszeitschrift einen Artikel dazu verfasst (56):

EINIGES ÜBER WEITWINKEL-OKULARE

L. BERTELE

Verschiedentlich besteht bei Betrachtungsgeräten der naheliegende Wunsch nach einem möglichst großen Gesichtsfeld. Dabei ist zu unterscheiden zwischen dem wahren Gesichtsfeld, ausgedrückt durch den Winkel, unter dem das Objekt vom Standpunkt des Beobachters erscheint und dem scheinbaren Gesichtsfeld, gekennzeichnet durch den Winkel, unter dem das Objekt sich infolge der Fernrohrvergrößerung zeigt.

Für gewöhnlich genügt ein scheinbares Gesichtsfeld von etwa 50—60°. Will man jedoch bei der Beobachtung den Eindruck haben, daß die Sicht nicht so beengt ist, wie bei den üblichen Feldstechern, muß das scheinbare Gesichtsfeld auf wenigstens 80—90° erhöht werden. Diese Forderung zieht aber eine Reihe von optischen Bedingungen nach sich, von denen zwei im folgenden kurz beschrieben werden.

Bei aufmerksamer Beobachtung durch einen Feldstecher mit reeller Bildebene läßt sich feststellen, daß die Schärfe am Bildrand nicht mehr derjenigen in der Bildmitte ebenbürtig ist. Es liegt dies an dem mit zunehmenden Abstand von der Bildmitte

Fig. 1

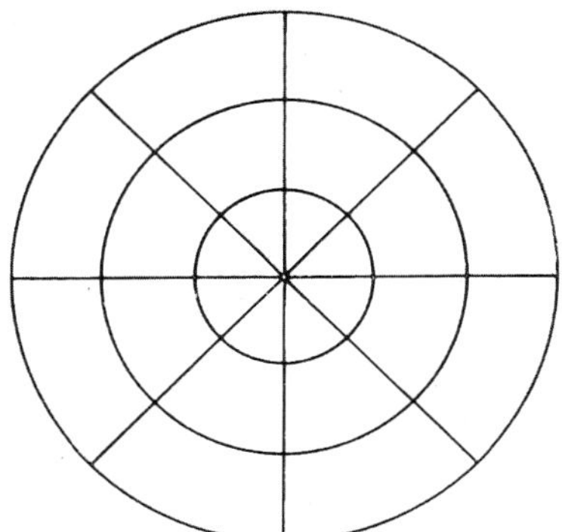

deutlich wahrnehmbaren Astigmatismus, welcher durch die zwei sich nur in der Bildmitte deckenden Bildschalen entsteht. Der Verlauf dieser Bildschalen läßt sich bei der Betrachtung konzentrischer Kreise mit den zugehörigen Speichen genau verfolgen (Fig. 1). Die Abbildungsschärfe der Kreise wird durch die sogenannte meri-

24

dionale Bildschale und diejenige der Speichen durch die sagittale Bildschale bestimmt, wobei vorausgesetzt wird, daß die übrigen Abbildungsfehler, wie Koma, Farbfehler usw. behoben sind. Die Krümmung der Bildschalen kann innerhalb gewisser Grenzen verändert werden. So z. B. lassen sich die beiden Bildschalen zum Zusammenfallen bringen und man erzielt damit eine astigmatismusfreie Abbildung. d. h. Kreise und Speichen erscheinen in der gleichen Blickrichtung gemeinsam scharf. Es ist jedoch infolge des gekrümmten Bildfeldes je nach der Bildzone eine dauernde Neufokussierung nötig. Die andere Möglichkeit, von der im allgemeinen Gebrauch gemacht wird, besteht darin, die meridionale Bildschale in die Ebene der besten Mittenschärfe zu bringen mit dem Erfolg, daß wenigstens alle konzentrischen Kreise gleichzeitig scharf abgebildet werden, wohingegen die Speichen mit zunehmendem Abstand von der Bildmitte immer unschärfer werden und damit einen astigmatischen Bildeindruck hervorrufen (Fig. 2). Die ideale Lösung wäre natürlich darin zu erblicken, beide Bildschalen

Fig. 2

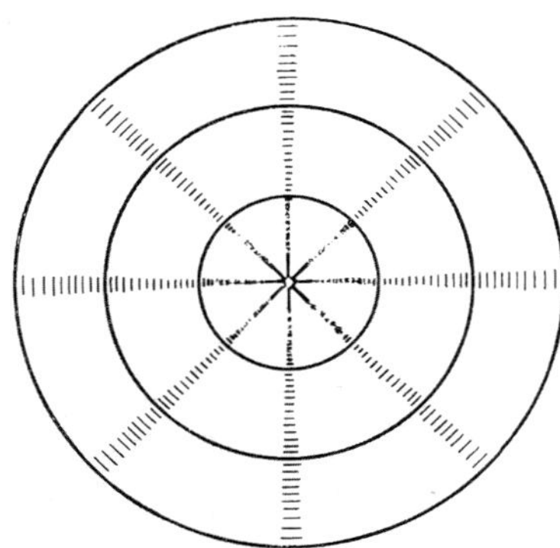

in die Ebene der besten Mittenschärfe zu legen, wie es bei photographischen Objektiven der Fall ist. Leider ist dies bei den Betrachtungsgeräten infolge der dem Okular anhaftenden großen Bildfehler nur in den seltensten Fällen zu erreichen.

Um nun aber trotzdem ein großes scheinbares Gesichtsfeld bei erträglicher sagittaler Bildkrümmung zu erhalten, gibt es zwei Möglichkeiten. Die Auswirkung dieser Bildfeldkrümmung, umgerechnet in Dioptrien, läßt sich verringern, wenn Objektiv- und Okularbrennweite möglichst lang gewählt werden. Dem steht jedoch die dadurch bedingte größere Baulänge des ganzen Fernrohrs und weiter die Vergrößerung des Okulardurchmessers entgegen, welche eine binokulare Verwendung ausschließt. Eine

andere Möglichkeit besteht in einer besonderen konstruktiven Ausgestaltung des Okulars. Legt man, mit Rücksicht auf den großen Bildwinkel, ein viergliedriges Linsensystem mit kugeligen Flächen zugrunde und bildet sowohl das dem Auge zunächst liegende als auch das dem Objektiv zugekehrte Linsenglied als Meniskus aus, beide Male mit der Hohlung nach außen, so gelingt es auf diese Weise, die sagittale Bildkrümmung auf nicht ganz die Hälfte zu verringern und damit für ein Gesichtsfeld von etwa 80° annähernd die Randschärfe zu erzielen wie bei älteren Okularen mit 50—60°. Figur 3 zeigt ein Okular älterer Konstruktion. Figur 4 und 5 stellen Okulare

Fig. 3

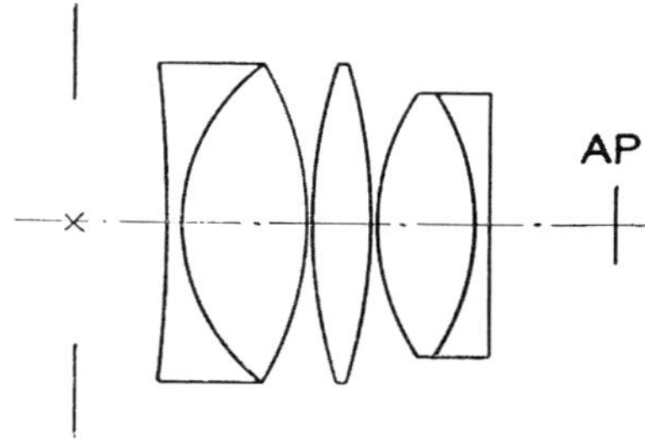

Fig. 4

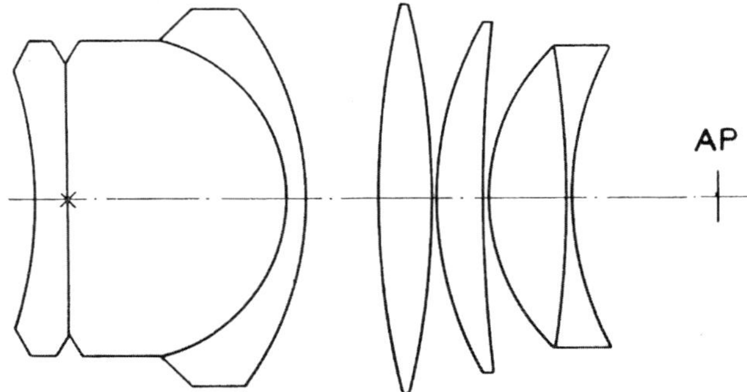

nach dem neueren Konstruktionsprinzip dar, wobei letzteres dann verwendet wird, wenn gleichzeitig ausgedehnte Strichmarken in der Bildebene abgebildet werden.
Bei diesen Okularen ist noch besonders bemerkenswert die stark gekrümmte, beinahe halbkugelförmige Kittfläche in dem dem Objektiv zugekehrten Linsenglied. Diese hat

eine dreifache Funktion, indem sie einmal die meridionale Bildschale vollkommen ebnet, wobei die Kreise über das ganze Gesichtsfeld scharf abgebildet werden; des weiteren trägt sie zur Farbfreiheit am Bildrand bei, und zuletzt beseitigt sie jegliche Pupillenaberration. Bekanntlich wird die Eintrittspupille, das ist für gewöhnlich die

Fig. 5

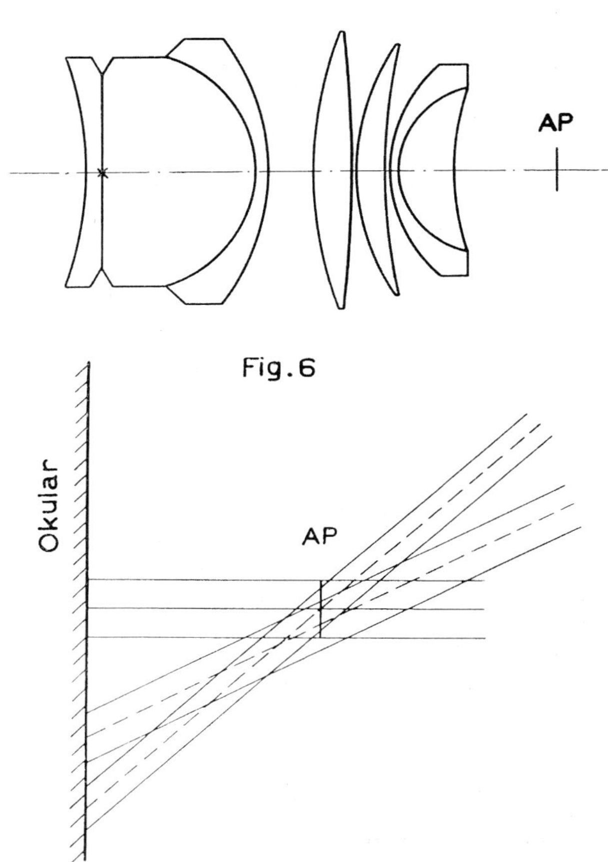

Objektivöffnung durch das Okular als Austrittspupille abgebildet. Dies ist jenes Scheibchen, welches bei jedem Feldstecher zu beobachten ist, wenn dieser etwa 30 cm vom Auge entfernt wird mit einem Durchmesser, der sich ergibt aus

$$\frac{\text{Durchmesser des Objektivs}}{\text{Vergrößerung des Fernrohrs.}}$$

Durch dieses Scheibchen, welches mit der Augenpupille zusammenfallen muß, soll der gesamte Lichtstrom mit Neigung bis zu 45^0 zur optischen Achse hindurchgeschleust werden. Jede Abweichung davon kann zu einer partiellen Bildverdunkelung bis zum Auftreten von halbmondförmigen Abschattungen führen. Figur 6 zeigt einen mit Pupillenaberration behafteten Strahlenverlauf nach dem Austritt aus dem Okular, Figur 7 einen aberrationsfreien Strahlenverlauf.

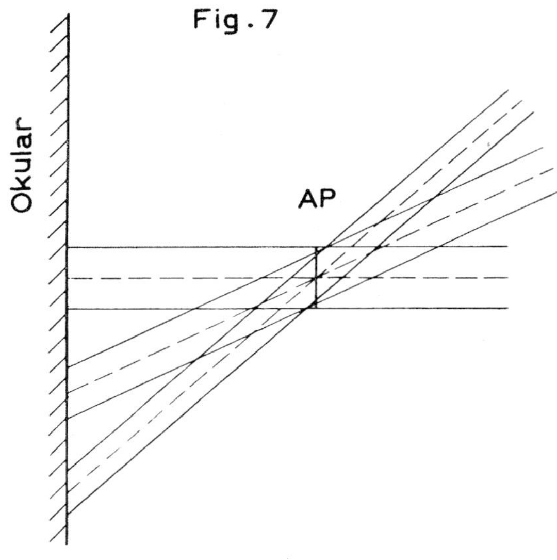

Die Schacht-Objektive

Es war um das Jahr 1948, als Albert Schacht plante, in Ulm eine Produktionsstätte für einfache Optiken aufzuziehen. Er klopfte bei LJB an, den er aus der Zeit seiner Anstellung bei Steinheil gut kannte, und bat um Mithilfe bei diesem Unternehmen. LJB lehnte nicht ab. In den Verträgen mit Wild hatte er sich, wie wir wissen, Freiheiten ausbedungen, was die Verwertung seiner Konstruktionen im Amateurbereich betraf.

In seiner bisherigen Karriere, insbesondere bei den Aufgaben, die sich ihm im Bereich der Geodäsie gestellt hatten, waren technischer Aufwand und Kosten relativ unwichtig. Es ging allein um Qualität, um Spitzenleistung. Im Gegensatz dazu glaubte A. Schacht, im Marktsegment der günstigen Preise reüssieren zu können. Für LJB eine Herausforderung der anderen Art! Allzu grosse Konzessionen an die Qualität konnte er nicht machen. Ein tiefer Preis wäre nur zu erreichen, wenn er auf teure optische Gläser verzichten und möglichst billige Glassorten einsetzen könnte. Spiegelglas! Für die Reihe der Travenon-Projektionsobjektive, bei denen LJB von einer vierlinsigen Ernostar-Variante ausging, gelang es ihm tatsächlich, mit drei positiv brechenden Linsen aus billigem Spiegelglas (Kronglas) und einer bikonkaven negativ-brechenden Linse aus optischem Flintglas eine ausreichende Korrektur und Lichtstärke zu erreichen. Das schien patentwürdig zu sein: Gleiche optische Leistung mit einfacheren Mitteln zu einem billigeren Preis! Der deutsche Patentprüfer allerdings lehnte das wirtschaftliche Argument ab, da er darin keinen technischen Fortschritt erkennen wollte. So existiert von dieser Konstruktion nur die deutsche Patentanmeldung und ein Schutz als Gebrauchsmuster (57).

Peter Geisler gibt in der Monografie „Albert Schacht Photo-Objektive aus Ulm a.d. Donau“ (58) eine Übersicht über die von Schacht hergestellten Objektive. Der grösste Teil sind Bertelesche Konstruktionen, zum Teil auch patentwürdige (59, 60, 61).

Erwähnenswert ist das Schacht-Travegon 1:3.5 /35 mm (59), auf dessen Konstruktion LJB mit einem gewissen Stolz hinwies und die er als Novum bezeichnete. Das dreigliedrige Weitwinkelobjektiv weist eine sehr grosse Schnittweite auf – gleich lang wie die Brennweite. Eine grosse Schnittweite, also der Abstand der letzten Linse bis zur Filmebene, ist ja eine der besonderen Bedingungen, die ein Objektiv für Spiegelreflexkameras erfüllen muss; dies ist bei Objektiven mit weitem Winkel nicht sehr einfach zu erfüllen. Der Spiegel beansprucht einiges an Platz, um sich im Raum zwischen letzter Linse des Objektivs und der Filmebene bewegen zu können. Eine Weiterentwicklung dieses Objektivs hatte dann sogar die Lichtstärke 1:2.8. Nach unserem Wissen wurde diese verbesserte Konstruktion aber bei Schacht nicht mehr gebaut.

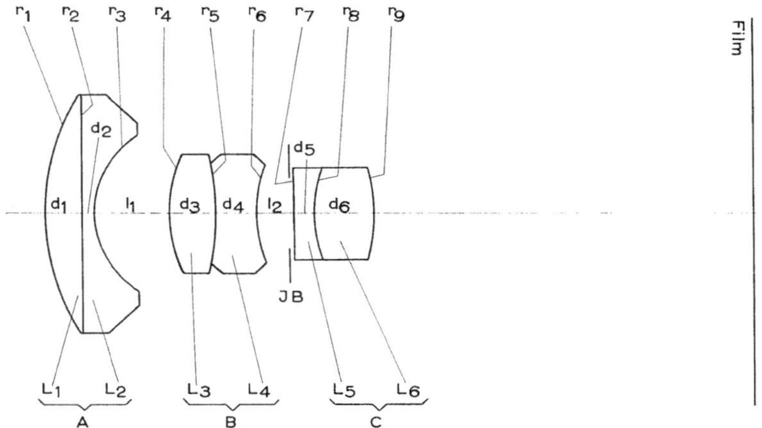

Das 60°-Travegon-Weitwinkelobjektiv 1:3.5 / f = 35 mm mit der sehr langen Schnittweite.

Wohnsitz und „Denkfabrik“ von Ludwig J. Bertele in Wildhaus/Toggenburg – Biogonaufnahme.

Ein Affront und die Konsequenz

Leider war das Verhältnis zwischen LJB und Max Kreis, der 1949 technischer Direktor geworden war, nicht durch grosse Harmonie geprägt. Zu verschieden waren wohl die Charaktere und die Gründe für den beruflichen Aufstieg.

Nach einer Auseinandersetzung im Jahr 1956, in der Max Kreis in die Organisation der von LJB geleiteten Abteilung eingreifen wollte, kam es zum Bruch. LJB löste sich aus dem Angestelltenverhältnis verzichtete auf die Position als Leiter der Optik-Forschungsabteilung. Mit einem neuen Vertrag blieb er der Firma jedoch als freier Mitarbeiter erhalten. Er hatte weiterhin ein Büro in Heerbrugg, arbeitete jedoch vorwiegend in Wildhaus, dem Bergdorf mit der markanten Bergkette der Churfirsten auf der einen und dem Säntismassiv auf der anderen Seite. Hier hatte er früh schon ein Grundstück erwerben können, für das er mit Erika ein Haus geplant und realisiert hatte.

Nach dem neuen Vertrag mit der Wild AG standen ihm die jeweils aktuellen Computer zur Verfügung, welche zum Teil von einer Rechnerin, zum Teil von ihm selbst bedient wurden. 1972 wurde das störungsanfällige röhrenbestückte Zuse-Gerät durch einen HP-9830A-Computer ersetzt, der damals bei einem Dollarkurs zwischen 4 und 5 Franken etwas über Fr. 40'000.– kostete. Da der grössere Teil seiner Arbeiten immer noch Entwicklungen für die Firma Wild betrafen, wurden ihm Wartung und Programme in der Programmiersprache Basic von Wild, das heisst ihrem IT-Spezialisten Wassner, zur Verfügung gestellt.

Offenbar hatte sich aber mit dem neuen Verhältnis zur Firma Wild auch das persönliche Verhältnis zu Max Kreis, der 1961 in der Nachfolge von Albert J. Schmidheini Direktionspräsident der Wild AG wurde (63), gewandelt. Das offenbar wachsende gegenseitiges Verständnis zeigte sich später auch in der freundschaftlichen Art, in der Max Kreis einen einleitenden Text in der Festschrift zum 75. Geburtstag von LJB formuliert hat.

Ein Objektiv mit variabler Brennweite

Nach 1965 führte LJB den Sohn Jürgen in sein Fachgebiet ein. Auf der Grundlage eines von LJB entworfenen Objektivs, gelang es Jürgen – unter anderem – ein Varioobjektiv für 16-mm-Filmprojektoren zu .entwickeln (64).

Besondere Umstände führten dann dazu, dass nicht einer Fremdfirma eine Produktionslizenz erteilt wurde, sondern Jürgen, der Praktiker mit Ingenieur-Ausbildung, begann das neue Vario-Objektiv in Eigenregie herzustellen und zu vertreiben. Er war mit dem Aufbau einer eigenen Produktion sehr erfolgreich und das Objektiv wurde rasch Zubehör für mehrere bekannte 16-mm-Projektoren.

Jede Medaille hat bekanntlich zwei Seiten. Die Kehrseite vom Erfolg des Sohnes mit dem Vario-Objektivs war, dass der Wunsch des Vaters nach einem seine Entwicklungsarbeiten fortsetzendem Sohn auch bei Jürgen nicht in Erfüllung ging.

Eine Optik für Endoskope

Im Alter von gegen 80 Jahren fühlte sich LJB noch jung genug, um sich nochmals auf einen neuen Sektor der Optik einzulassen. Die Firma Henke-Sass Wolf GmbH ist auf dem Gebiet der medizinischen Geräte tätig. Die Qualität einer Endoskop-Optik war zu verbessern.

Das Problem bei diesen Geräten war: Das von einem Objektiv entworfene Bild muss im langen, relativ dünnen Rohr zum Okular „transportiert“ werden. Zu diesem Zweck wird ein erstes virtuelles Bild durch eine nachfolgende Optik wiederum virtuell abgebildet. Dabei wird dieser Vorgang, je nach Länge des Endoskoprohrs, mehrmals wiederholt. Dazu konnte nun LJB dank einem einfachen optischen Trick eine gegenüber Vorgängerkonstruktionen vereinfachte Optik entwickeln. Dies führte 1983 zu einem letzten Patent (65).

Prof. Hugo Kasper

Hans A. Traber

Stimulierende Beziehungen

Im Gegensatz zum zunächst eher schwierigen Verhältnis zum technischen Direktor Max Kreis hatte LJB anregende Kontakte zu den Leitern anderer wissenschaftlicher Abteilungen.
Professor Hugo Kasper war Leiter der Abteilung für Fotogrammetrie. Er war 1946, also kurz nachdem LJB seine Tätigkeit bei Wild aufgenommen hatte, ebenfalls in die Firma eingetreten. Weitsichtig sah er zukünftige Entwicklungen auf seinem Fachgebiet voraus.

Aus den anregenden Gesprächen mit ihm ergab sich neben der kollegialen mit der Zeit auch eine engere freundschaftliche Beziehung, welche auch stimulierend für seine Entwicklungsarbeit war. Hugo Kasper wurde 1961 als Professor für Geodäsie an die ETH Zürich berufen. Daneben befasste er sich mit der Architektur-Fotogrammetrie für den Denkmalschutz.

Hans A. Traber war eine weitere Persönlichkeit, die LJB sehr schätzte. Er war von 1949 bis 1956 Leiter der Abteilung für Mikroskopentwicklung. Auch von ihm gingen Anregungen aus, die dann zu den Mikroskopoptiken mit planem Bildfeld, aber auch zur Entwicklung einer Binokularlupe führten. Dies waren optimale Werkzeuge, mit welchen Hans A. Traber, Mediziner und Biologe, eindrückliche Filmaufnahmen gelangen.

In seinen spannenden Vorträgen und Fernsehsendungen weckte er beim Publikum das Interesse an biologischen Themen. Sein Interesse galt aber nicht nur der Welt der Mikroorganismen. Auch über das Leben von Insekten und Vögeln konnte er spannend und verständlich referieren. LJB zeigte sich begeistert, nicht nur wegen der eindrücklichen Bilder, sondern auch von der Fähigkeit von Hans A. Traber, das Leben als grosses Wunder darzustellen.

Gelebte Mitmenschlichkeit

Nach dem Aufruf einer Behindertenorganisation an die Industrie, bei der Anstellung doch vermehrt auch Leute mit Handicap zu berücksichtigen, wurde einem jüngeren Mann, der aufgrund von Kinderlähmung an den Rollstuhl gebunden war, eine Anstellung versprochen. Nur als es darum ging, welche Abteilung ihn aufnehmen könnte, hatten alle ihre Vorbehalte. LJB nahm ihn in seine Abteilung und bildete ihn im Bereich der Optikkonstruktion aus. Peter Weber nahm die Chance wahr, bewährte sich und leitete später eigenständig die Abteilung für die Entwicklung von Mikroskopoptiken.

Nicht immer erntete LJB Dank für seine Hilfsbereitschaft; insbesondere wohl, wenn es um eine finanzielle Hilfe gegangen war. So gab er seinen Söhnen aus seinen Erfahrungen heraus den Rat: „Leiht nie mehr Geld aus, als ihr bereit seid zu verlieren."

Daneben lag ihm als naturverbundenem Menschen auch das Tier sehr am Herzen – in der Schweiz unterstützte er Organisationen, die sich dem Tierschutz und Tierwohl widmeten, unter anderem die Stiftung für das Pferd/Le Roselet/Les Breuleux im Jura.

Gleich vor seinem Büro in Wildhaus war eine Wiese, auf der gelegentlich Kühe weideten. Der Tradition für Alpweiden entsprechend, war jede Kuh mit einer Glocke um den Hals versehen. Man kann das sehr romantisch finden. Doch wenn das disharmonische Geläute den ganzen Tag vor dem Fenster des Büros stattfindet, in dem ein hohes Mass an Konzentration nötig ist, dann kann man doch nachempfinden, dass in LJB dabei keine romantischen Gefühle aufstiegen und er sich gestört fühlte. Könnte es den Kühen ähnlich gehen? Das war eine Frage, die er sich stellte. Die Schallquelle gleich neben den Ohren – erstaunlich, wenn das den Tieren nicht auch unangenehm wäre. Was auf der Alpweide vielleicht einmal sinnvoll gewesen war, erübrigte sich hier dank dem Elektrozaun, der nun die Herde zusammenhielt. So sprach er mit dem Bauern, versuchte ihn vom Glockenunfug zu überzeugen. Was gründlich misslang. Der Bauer war eher der Meinung, dass das Geläute der Milchleistung zuträglich wäre. In einem nächsten Gespräch schlug LJB dem Bauern einen Deal vor: Er würde ihm die Glocken zu einem guten Preis abkaufen. Dann müsste ja Ruhe einkehren, dachte er sich. Er hatte jedoch nicht mit der Bauernschläue gerechnet. Der gute Preis, für welchen er dem Bauern die Glocken abkaufte, gab diesem die Möglichkeit, für einen Bruchteil des Verkaufspreises ein neues Geläut für seine Kühe anzuschaffen!

LJB am Arbeitsplatz in seinem Heim in Wildhaus, ca. 1965.

Vielleicht lag LJB gar nicht so falsch mit seiner Kuh-und-Glocken-Hypothese: Neuere Forschungsergebnisse (66) der Arbeitsgruppe von Dr. Edna Hillmann am Institut für Tier-Verhaltensforschungen der ETH deuten jedenfalls darauf hin.

Eine Synopse

Ludwig J. Bertele hat mit seinen Konstruktionen Werkzeuge entwickelt, die es ermöglichten, das Weltgeschehen genauer zu dokumentieren. Der Journalismus konnte durch das lebendige Bild ergänzt werden, der Wissenschaft erlaubten die neuen Mittel, tiefer einzudringen in die Dimensionen von Mikro- und Makrokosmos.

Es gibt kein Gebiet der geometrischen Optik, welches nicht durch seine Arbeiten bereichert worden wäre. Seine Schöpfungen sprengten immer wieder die Grenzen des bis anhin Möglichen. Zunächst war es die Lichtstärke, welche er beim Aufnahmeobjektiv bei gleichzeitig sehr guter Auflösung und nur kleinem Lichtverlust durch Reflexion (nur wenige freistehende Linsenglieder) bis an die praktisch sinnvolle Grenze steigerte. Dann war es der Aufnahmewinkel, welchen er mit 60 Grad und 18 Grad ins damals mögliche Exteme (Weitwinkel/Tele) trieb. Für optische Geräte mit Einblick brachten seine Okularkonstruktionen mit grossem Winkel (bis 80 Grad) eine deutlich verbesserte Sicht.

Als mit Abstand grösste Leistung wertete er selbst die Hochleistungsoptiken für die Fotogrammetrie, wo höchste Auflösung, höchste Schärfe und höchste Verzeichnungsfreiheit bei auch grossen Aufnahmewinkeln und recht hoher Lichtstärke erreicht wurden.

Mit einem 100-fach vergrössernden und eine sehr plane Abbildung liefernden Mikroskopobjektiv war ebenfalls ein Extremwert erreicht. Wenn wir bei den Extremen bleiben wollen, so müssten noch Objektive erwähnt werden, die eine extreme wirtschaftliche Bedingung – möglichst günstig – erfüllten. Ein vorwiegend mit Linsen aus billigem Spiegelglas für die Bildprojektion konzipiertes lichtstarkes Objektiv zeigte eine befriedigende Leistung.

Um die Palette abzurunden, muss zudem auch noch die Konstruktion eines Zoomobjektivs für die Projektion und die Linsenfolge für ein Endoskop erwähnt werden.

Mit den erwähnten Objektiven für die Fotogrammetrie wurden grosse Teile der Erde inklusive wohl auch der Mond kartografiert. Sicher wurden diese Konstruktionen, dank computerassistiertem Rechnen, weiter optimiert, und sicher werden diese auch bei der Erforschung weiterer Himmelskörper (Mars) und der Erzeugung von Bildern von deren Oberflächen Verwendung finden.

So hat LJB viele wichtige Impulse gesetzt für die weitere Entwicklung der Optikforschung.

Die Aussage des bekannten Autors von Fachbüchern (67) zum Thema Optik, R. Kingslake, ist ist wohl nicht übertrieben, wenn er meinte, LJB habe mit seinen Arbeiten zur geometrischen Optik eine ganze Epoche geprägt.

Ludwig Jakob Bertele
starb am 16. November 1985,
kurz vor seinem 85. Geburtstag.
Um das von ihm verwendete Bild zu gebrauchen:
Ein Blatt, das einen kleinen Beitrag geleistet hatte
zur Entwicklung der Optik und damit
zu verschiedenen Bereichen unserer Kultur,
hatte sich vom Baum gelöst.

Ehrungen in Anerkennung seiner Verdienste

1951: Berufung zum ordentlichen Mitglied der Deutschen Gesellschaft für Fotografie.

1956: Am 8. Internationalen Kongress für Fotogrammetrie in Stockholm erhielt er die zum ersten Mal verliehene goldene Brock-Medaille. Dies, wie es in der Verleihungsurkunde heisst, für ausserordentliche Verdienste um die Entwicklung der Fotogrammetrie.

1958: Verleihung der Ehrendoktorwürde der ETH Zürich,
„in Würdigung seiner Verdienste um die Entwicklung der fotografischen, insbesondere der photogrammetrischen Objektive.“

1959: Verleihung des „Photogrammetric Award“ durch die „American Society of Photogrammetry.“

1975: Festschrift zum 75. Geburtstag, herausgegeben von der Firma Wild AG, mit Artikeln zahlreicher Persönlichkeiten.

1979: Honorary Membership „Zeiss Historica Society of America“.

1980: Kulturpreis der Deutschen Gesellschaft für Fotografie. In seiner Ansprache zur Verleihung hob Bundesminister Dr. Hans Friedrichs die überragenden Leistungen des Geehrten beim Berechnen und Entwerfen fotografischer Objektive hervor.

Der Rektor der ETH, Prof. Frey-Wissling, gratuliert Ludwig J. Bertele zum Dr. honoris causa der technischen Wissenschaften (1958).

Epilog

Ich habe im einleitenden Teil recht ausführlich darzustellen versucht, was ausgehend von ersten Entdeckungen in vielen Schritten dann zu den Kenntnissen geführt hatte, auf denen aufbauend Ludwig Jakob Bertele seinen Beitrag zur Entwicklung der Optik liefern konnte und indirekt damit auch in verschiedenster Hinsicht zur kulturellen Entwicklung.

So drängt es sich auf, auch noch einen kurzen Blick auf die Post-Bertele-Ära zu werfen, auf einige bedeutende Entwicklungen hinzuweisen, die in der Zeit nach dem Wirken von LJB die weitere Entwicklung der Optik bestimmten.

Informationstechnologie und Digitalisierung

Schon zur Zeit von LJB hatte ja ab 1959 eine Vereinfachung und Beschleunigung der Rechenarbeit stattgefunden, wodurch auch die Konstruktion von sehr komplexen viellinsigen Systemen möglich wurde. Wir denken dabei einerseits an Zoomobjektive mit grossem Brennweitenbereich, aber auch an Spezialobjektive aus Quarz und Feldspat zur Projektion sehr feiner Chipstukturen mit UV-Licht. Diese Objektive umfassen bis zu 28 Linsen!

Um die Jahrhundertwende wurde bei Wild der erste Luftbildsensor eingeführt. Das war das Ende der analogen Aufzeichnung, das Registrieren der Bilddaten auf Film oder Platten.
Das blieb nicht ohne Einfluss auf die Gestaltung der Optiken. Verschiedene Parameter, die der Konstrukteur bei der analogen Bildaufzeichnung maximal korrigieren musste, konnten jetzt schon während der Aufnahme oder nachträglich leicht beeinflusst werden. Es waren dies die Verzeichnung und bis zu einem gewissen Grad auch der Helligkeitsabfall gegen den Bildrand. Auch Unschärfe durch die Bewegung, zum Beispiel bei Aufnahmen aus einem Flugzeug, kann kompensiert werden.

Die Optikkonstrukteure können sich jetzt auf höchste Abbildungsschärfe konzentrieren.

Schleiftechnik

Schon in den Zeiten von LJB wurde gelegentlich versucht, die Flächen der Linsen mit Abweichungen von der Kugelfläche zu schleifen. Trotz grossem Aufwand waren asphärische Flächen nicht mit der Genauigkeit des Kugelschliffs herzustellen. So waren die Konstrukteure an die Kugelfläche gebunden. Das computergesteuerte Schleifen ermöglicht jetzt die Herstellung solcher asphärischer Flächen ohne grösseren Aufwand mit hoher Genauigkeit. Auch das mag gelegentlich zu einer Vereinfachung eines Systems führen.

Miniaturisierung

Die eben beschriebenen Fortschritte in der Schleiftechnik machen es möglich, mit geringem Aufwand auch sehr kleine Linsen mit einem Durchmesser um 1 mm zu schleifen. Dies ermöglicht die Herstellung von Mini-Objektiven, zum Beispiel für Handy-Kameras.

Für die Miniaturisierung konnten auch spezielle Gläser entwickelt werden:

Gradientenoptiken

Es ist möglich, ein optisches Glas mit sich kontinuierlich änderndem Brechungsindex zu erzeugen. Dies, indem man zum Beispiel ein natriumhaltiges Glas in die Schmelze eines Lithiumsalzes eintaucht. Durch Diffusion werden dann die Natrium-Ionen im Glas gegen Lithium-Ionen ausgetauscht. Derart kann ein Konzentrationsgefälle von Natrium- und Lithium-Ionen erzeugt werden; diesem Konzentrationsgefälle entspricht ein Gradient des Brechungsindexes. Geht man von einem zylindrischen Glasstäbchen aus, kann ein Gradient in axialer oder radialer Richtung erzeugt werden.

Gradient in axialer Richtung: Wird die eine Fläche eines derartig vorbereiteten Glaszylinders sphärisch geschliffen, entsteht eine plankonvexe Linse, welche dank der Wirkung des Gradienten frei von sphärischer Aberration ist.

Gradient in radialer Richtung: Hier ändert sich der Brechungsindex rotationssymmetrisch. Ein solcher Zylinder hat bei planen Endflächen die Eigenschaften einer Linse. Da Linsen mit sehr kleinen Durchmessern kaum noch geschliffen werden können, sind derartige Gradienten-Linsen die Lösung für die Konstruktion sehr dünner Endoskope. Im Extremfall können solche Gradientenglasstäbchen mit Linsenfunktion einen Durchmesser von nur 0.2 mm haben.

Elektroaktive Polymere

Ein mit einer Flüssigkeit gefüllter Zylinder ist auf der einen Seite mit einem stabilen durchsichtigem Material eben oder sphärisch geschliffen verschlossen. Die Öffnung der anderen Seite ist mit einer ebenfalls durchsichtigen, elastischen Membran überzogen. Ein elektroaktives Polymer, ein Kunststoff, der sich in Abhängigkeit von einer angelegten Spannung kontrahiert, ist so platziert, dass die Flüssigkeit im Zylinder mehr oder weniger stark komprimiert wird. Auf diese Art wird es möglich, die elastische Membran konvex bis konkav zu deformieren. Da die elektroaktiven Polymere innert Millisekunden auf Spannungsänderungen reagieren, kann so bei Optiken blitzartig schnell fokussiert oder bei Vario-Optiken die Brennweite verändert werden. Dieses Prinzip funktioniert offenbar erstaunlich gut bei Linsen bis 10 mm Durchmesser. Wird der Durchmesser grösser, treten wegen der Schwerkraft merkliche asymmetrische Deformationen auf. (68)

Diffraktive optische Elemente

Bei Teleobjektiven mit längerer Brennweite besteht trotz moderner optischer Gläser immer noch die Schwierigkeit, die chromatische Aberration völlig zu beseitigen. Fresnel-Linsen zeigen keine chromatische Aberration. Solche als „diffraktive optische Elemente“ bezeichneten Linsen können unterdessen so fein geschliffen werden, dass deren Verwendung in Fotooptiken möglich geworden ist (Canon, DO-Objektive).

Noch etwas ...

Die technische Entwicklung führte im Amateurbereich von den Kameras vom Typ Leica und Contax mit optischem Sucher zu den Spiegelreflexkameras, welche eine bequeme Fokussierung und Bildbeurteilung ermöglichten. Da bei den Sucherkameras eine kompakte Bauweise angestrebt wurde, kam diesem Bestreben eine kurze Schnittweite der Objektive (Abstand der letzten Linse vom Film) entgegen. Dies war beim Standard-Sonnar-Objektiv und den Biogonen der Fall. Für die Anwendung bei Spiegelreflexkameras war dann aber die kurze Bauweise ein Nachteil. Jetzt waren Konstruktionen mit grosser Schnittweite gesucht – der Spiegel musste schliesslich zwischen letzter Linse und Filmebene untergebracht werden. Die Objektive mit kurzer Schnittweite verloren an Bedeutung. So etwa stellte Zeiss Ende der 90er-Jahre die Produktion der Sonnare ein. Die Situation könnte sich neuerdings aber wieder zugunsten der kurzen Schnittweiten verschieben. Bei den neuen Digitalkameras wird auf einen Spiegel verzichtet. Über die Sensoren kann ein optimales Sucherbild auch ohne Klappspiegel erzeugt werden. Die alten, kurzschnittweitigen Objektive – Sonnare, Biogone – könnten an diese modernen Kameras angepasst werden!

Bildnachweis

Seite 10: A) The Nimrud Lens, (Layard Lens).
Britisches Museum London, room 55,
© The Trustees of the British Museum.
All rights reserved.
B) Sir Austin Layard.
Fotograf:Algernon Graves (um 1858).
C) Heinrich Schliemann.
Aus: Selbstbiographie. Leipzig, Brockhaus, 1892.

Seite 11: Rahotep, Ka-aper. Ägyptisches Museum Kairo.
Fotograf: Hans Ollermann /Flickr.

Seite 12: Prometheus, Druckgrafik von Rudolf Jettmar (1916).
Sammlung Albertina, Wien.

Seite 13: A) Keilschrifttext mit Glasrezept aus der Tontafel-Bibliothek des Assurhanpal.
© The Trustees of the British Museum.
All rights reserved
B) Porträt des Assurbanipal. Detail aus dem Relief „die Löwenjagd“ .
© The Trustees of the British Museum.
All rights reserved.

Seite 14: Römische Hohlglaskugeln.
Rheinisches Landesmuseum Trier.
Kulturelles Erbe Rheinland-Pfalz.
Aufnahme: Dr. Sabine Faust, Sammlungsverwaltung.

Seite 15: Imitat der römischen Hohlglaskugel, wassergefüllt.
A) in der Funktion als Lupe.
B) in der Funktion als Brennglas.
Bilder: Andreas Eggenberger/E.Bertele.

Seite 16: A) Johann Gutenberg.
Kupferstich, Künstler unbekannt.
B) Leonardo da Vinci, Bild: Selbstporträt.
Standort: Royal Library, Turin.
C) Martin Luther, Bild: Lucas Cranach d.-Ä. (1528).
Kunstsammlungen der Veste Coburg, Coburg.

Seite 17: A) Niklaus Kopernikus, Künstler unbekannt.
Museum von Torun Polen.
B) Johann Keppler (1610), Künstler unbekannt.
C) Galileo Galilei, von Justus Sutermann (1636).
Nach einem Stich in: Istoria e dimonstrazioni intorno alle Macchie Solari, Rom 1613.
Florenz, Galleria degli Uffizi.
D) Deutsche Post, Sondermarke zum 200. Geburtstag des Joseph von Fraunhofer.
E) Joseph von Fraunhofer: Stich, Autor unbekannt.

Seite 18: B) Aristoteles: Statue, Marmor. Römische Kopie des griechischen Bronce-Originals von Lysippos, um 330 v. Chr. National Museum of Rome – Palazzo Altemps, Ludovisi Collection.
C) Alhazen.
D) Camera Obscura nach Johann Zahn.

Seite 19: A) Jan Vermeer: Ansicht von Delft (ca. 1660).
Königliche Gemäldegalerie Mauritshuis, Den Haag.

Seite 20: Dieses Bild gilt als die erste Fotografie. Niépce hatte sie anlässlich eines Besuchs bei seinem Bruder Claude in Kew (England) dem Botaniker F. Bauer überlassen in der Hoffnung, dass er als Mitglied der Royal Society, dort Bild und Verfahren vorstellen würde. Zu Niépces Enttäuschung zeigte diese damals aber kein Interesse!
Helmuth Gersheim entdeckte das Bild um 1952 im Nachlass von F. Bauer. Das Bild befindet sich jetzt im Harry Ransom Center, Austin Texas.

Seite 21: Ibn Sahl, Handschrift mit Brechungsgesetz.
Roshdi Rasched, Isis, Band 81, 1990, Seiten 464–491.

Seite 22: A) W. Roijen Snell, Bild: Jan van de Velde (II) (1625).
Amsterdam, Rijksmuseum.
C) Joseph Maximiliam Petzval (1854).
Zeichnung von Adolf Dauthage.
D) Philipp Ludwig Ritter von Seidel.
Bild Wikipedia.

Seiten 23/24: Die Abbildungsfehler einer einfachen Linse.
Quelle: Wikipedia. Autoren: Dr. Bob, Joachim Becker, Andreas 06.

Seite 25: B) Jost Bürgi.
Porträt aus Benjamin Bramer, Apollonius Cattus, Kassel 1684, (Rar7523), Alte und Seltene Drucke.
C) John Napier.
Engraving by Samuel Freeman (1773–1857).

Seite 26: Das Bild von Daguerre stammt aus der Sammlung historischer Fotografien von Gabriel Cromers. Diese wurde 1939 an die Eastman Kodak Company verkauft und befindet sich jetzt im Museum „George Eastman House“ in Rochester, New York.

Seite 27: A) © Zeiss Archiv Jena.
B) © Zeiss Archiv Jena.
C) © Zeiss Archiv Jena.

Seite 28: A) © Zeiss Archiv Jena.
C) © Zeiss Archiv Jena.

Seite 36: A) © Zeiss Archiv Jena.
B) © Zeiss Archiv Jena.

Seite 43: Hans Böhm. Szenen aus:
„Der Diener zweier Herren“
von Carlo Goldoni, Aufführung: Theater in der Josefstadt, Wien, (1924).
Kontaktkopien von Ermanox-Aufnahmen 4,5 x 6 cm.
© IMAGNO*/Österreichisches Theatermuseum.

Seite 44: © IMAGNO*.

Seiten 45–49: Fotografien von Erich Salomon.
Berlinische Galerie, Berlin.

Seite 56: © Marco Cavina (Leica mit Sonnar).

Seite 58: Contax-Werbung in „Photographische Industrie“.

Seite 62: © ÖNB, Fotograf: Lothar Rübelt.

Seite 63: © Zeiss Archiv Jena.

Seite 75: Afganistan Journal 3 (1) 65–74 (1974).

Seite 80: Matterhorn, Swissair Photo AG, 21.8.1980 Bildachiv der ETH Zürich (Bildcode LBSR 1-805568).

Seite 81:Matterhorn, Swissair Photo AG, 13.8.1991 Bildachiv der ETH Zürich (Bildcode LBSR 1-910305).

Seite 84: Olexander Smakula.
Quelle Wikipedia (Fotograf unbekannt).

Seite 87: A) Conrad Zuse, © Dr. Horst Zuse.
B) Zuse Z22 im Technik-Museum Berlin.

* 

Literaturverzeichnis

Vorwort

(1) Urs Tillmans, Walter Wöltche: Interviews mit LJB, ca. 1980 (Transkription der Tonbandaufnahmen von Sylvia Bertele).

(2) Bernd Otto, z.B. Photodeal, Nr. 88 1/2015.

Erster Teil

(1) Wilhelm Rau: Akademie der Wissenschaften und der Literatur. Abhandlungen der Geistes und der Sozialwissenschaftlichen Klasse, 1982, Nr. 10, S. 5.

(2) Berthold Laufer: T'oung Pao, 1915, 16, Nr. 3, S. 169–228.

(3) Aristophanes: „Die Wolken“, Komödie, Übersetzung von Otto Seel, Reclams Universalbibliothek Nr. 6498 (1963), S. 50–51. ISBN 978-3-15-006498-6.

(4) Georg Brandes, Rolf Jarschel: „Feuer und Flamme“. Leipzig, 1988, ISBN 3-343-00453-7.

(5) Frank Gnegel: „Feuerzeugs – Schwefelhölzer – Zündmaschinen“. Begleitbuch zur gleichnamigen Wanderausstellung. Münster, Westfälisches Museumsamt, 1994.

(6) C. Plinius Secundi: Naturalis Historia, Libri XXXVIII, 28.

(7) Zitiert nach BBC Science Editor Dr. David Whitehouse, BBC News vom 01.07.1999.

(8) Kathleen Freeman: Ancilla to the Präsocratic Philosophers, (Chapter 12: Philolaos and the so called Pytagoreans), ISBN 978-0674035010.

(9) Laktanz: De Ira Dei Liber (Vom Zorn Gottes), Zitiert aus der Übersetzung von Heinrich Kraft, Antonie Wlosok, Wissenschaftliche Buchgesellschaft, Darmstadt, 1971, ISBN 3-534-06044-X.

(10) Robert Temple: Die Kristall Sonne, S. 474–475, Kopp Verlag, ISBN 3-930219-53-0.

(11) Wing-Tsit Chan: A Source Book in Chinese Philosophy, Princeton, 1969, S. 211, ISBN 9780691019642.

(12) Aristoteles: Problemata Physica, ISBN 978-3050000367.

(13) Jim Al Khalil: Im Haus der Weisheit – Die arabischen Wissenschaften als Fundament unserer Kultur (2010), ISBN 978-3-10-000424-6.

(14) Roshdi Rashed: A Pioneer in Anaclastics, Ibn Sahl on burning Mirrors and Lenses, Isis, 1990, 81: 464–469.

(15) Paul Rudolph, Tessar Patent: GB 13061 (09.06.1902), US 721240 (15.07.1902).

Zweiter Teil

(1) Urs Tillmans, Walter Wöltche: Interviews mit LJB, ca. 1980 (Transkription der Tonbandaufnahmen von Sylvia Bertele).

(2) Gesellschaft der Wissenschaften zu Göttingen, Mathematisch-physikalische Klasse, Neue Folge, Bd. IV No. 1. (1905), Druck der Dieterichschen Univ.-Druckerei.

(3) Helmut Krueger: „Die Emil Mechau Story", Berlin: Pro Business 2007 / ISBN 978-3-939430-36-0.

(4) Optischer Ausgleich: DE 348 936 (15.03.1921)
DE 359 016 (15.03.1921)
DE 362 821 (15.03.1921)
DE 385 194 (06.03.1923)
DE 393 026 (09.08.1922)
DE 394 030 (08.02.1923)

(5) Bilderzeugendes optisches System:
DE 468 838 (30.01.1927)
DE 481 561 (15.09.1927)

(6) Ernostar, erstes Patent: DE 401 274 (14.01.1922)
Ernostar: GB 186 917 (04.10.1921)

(7) Ernostar: DE 401 275 (19.02.1922)

(8) Ernostar, verkürzte Baulänge: DE 435 762 (25.10.1924)
DE 435 763 (25.10.1924)
DE 436 260 (06.12.1924)

(9) Ernostar, 5 Linsen (teure Variante):
DE 428 657 (05.03.1925)

(10) Ernostar, 6 Linsen für Mikroprojektion f 1:1(!):
DE 441 594 (12.03.1925)

(11) Ernostar, 4 Linsen (Billig-Variante):
DE 458 499 (22.07.1924)

(12) Ernostar-Typ-Objektiv: CH 271 990 (24.11.1949)
Ernostar, verbesserte Version: CH 283 115 (24.06.1950)

(13) Hans Böhm: „Die Bühne", Nov. 1924, Theaterzeitung "Der Schnellphotograph in der Loge".
Hans Böhm: „Die Scene", Dez. 1926, Blätter für Bühnenkunst, S. 368–369, Osterheld & Co. Verlag/Berlin.

(14) Gerald Piffl, „Bühnenfotografie mit der Ermanox", in: Fotoindustrie und Bilderwelten, Die Heinrich Ernemann AG für Camerafabrikation in Dresden 1889–1926 / KERBER (Sächsische Museen).

(15) Erich Salomon in Berlinische Galerie, Stresemannstrasse 110/1000 Berlin 61.

(16) Bildbände:
Erich Salomon, Band 1: „Der unsichtbare Photograph".
Erich Salomon, Band 2: „Lichtstärke".
Franz Greno Verlag, 1988. ISBN 3-89190-871-7.
Erich Salomon: „Portrait einer Epoche".
Ullstein-Verlag GmbH, 1963, ISBN 0-02-000820-1.

(17) Okular-Patent (Erstes): DE 427 048 (03.03.1924)

(18) Weitere Okular-Patente: DE 436 398 (05.03.1924)
DE 501 456 (10.04.1929)
DE 499 992 (27.02.1929)
DE 570 499 (14.01.1930)
DE 501 456 (10.04.1929)
DE 616 565 (23.06.1932)
Okular für Doppelfernrohr: DE 646 896 (28.09.1934)

(19) Okular-Patent (Steinheil): DE 861 469 (08.05.1943)

(20) Okular-Patente (Wild): CH 248 246 (18.04.1946)
CH 274 008 (20.09.1948)
CH 275 098 (28.05.1949)

(21) Okular in Fernrohr: CH 372 853 (23.06.1959)
Wird das Okular mit Objektiv und Prisma als Gesamtsystem korrigiert, vereinfacht das die Konstruktion des Okulars. Bei Mikroskopen mit austauschbaren Objektiven und Okularen muss jeder Teil für sich korrigiert werden, was zu einem komplexeren Aufbau der Okulare führt.

(22) Sonnar, 1:2.0 (Erstes) 5 Linsen: DE.530843 (14.08.1929)
(23) Sonnar, 1:1.5 /5 & 6 Linsen: DE 570983 (14.08.1929)
Sonnar für Linsenrasterfarbfilm: DE 581742 (14.08.1929)
Sonnar, 1:1.5 /7 Linsen: DE 673861 (09.07.1932)
Sonnar, 1:2.0 /6 Linsen: DE 700699 (09.01.1938)

(24) Sonnar, 1:2.8 /5 Linsen: CH 264926 (18.09.1947)
Sonnar, 1:2.0 /6 Linsen: CH 275195 (08.09.1949)
Sonnar, 1:1.4 /7 Linsen: CH 282129 (11.05.1949)

Nach 1946 hatte sich LJB nochmals die Sonnarkonstruktion vorgenommen und diese perfektioniert, und zwar mit je einer Konstruktion für die Lichtstärken 1:2.8, 1:2, 1:1.4.

(25) Marco Cavina (www.marcocavina.com/sonnar).

(26) „Olympia-Sonnar“ 1:2.8/18° DE .....?*......(08.05.1932)
US 2029806 (29.07.1935)
*Das US-Patent erwähnt das Prioritätsdatum 08.05.1932 für das DE-Patents. Dieses konnte nicht gefunden werden.

(27) Stephan Koelliker – Artaphot.

(28) Biogon 1:3.5, 60°: DE 652 062 (17.06.1934)
Biogon 1:2.8, 60°: CH 283 115 (24.06.1950)

(29) Ludwig Bertele: „Festlegung der effektiven Lichtstärke von fotografischen Objektiven“, in:
Die fotografische Industrie, April 1934, S. 437–438.

(30) Beleuchtungseinrichtung mit Beleuchtungsspiegel aus wärmeabsorbierendem Glas: DE 724 329 (26.11.1937)

(31) Durchsichtssucher mit Bildbegrenzung: DE 687 492 (19.11.1938)

(32) Sucher mit Drehkeil-Entfernungsmesser und eingeblendetem Bildrahmen: DE 712 350 (03.02.1938)

(33) Steinheil-Zeit:
Reflexvisier: DE 847 218 (03.06.1943)
Weitwinkelokular: DE 861 469 (08.05.1943)
Periskop: DE 883 664 (05.04.1943)

(34) Aviotar: CH 262 596 (23.08.1947)
CH 522 229 (17.03.1970)

(35) Aviogon: CH 283 114 (13.02.1950)
CH 296 055 (12.07.1951)
CH 310 552 (06.02.1953)
für 90° und 120° CH 296 057 (30.10.1951)
bis IR Bereich korrigiert CH 489 810 (16.10.1968)
bis IR Bereich korrigiert CH 508 219 (01.05.1969)

(36) M. Michel Roussinov, Russar: FR 935 617 (24.06.1948)

(37) Superaviogon (120°): CH 296 056 (31.01.1954)
für 90° und 120° CH 296 057 (30.10.1951)
für 120° CH 307 376 (08.09.1952)
für 120° CH 341 327 (28.01.1956)
für 120° CH 459 597 (14.04.1967)

(38) Wild'sche Hauszeitschrift Opticus 1954/3, S. 7–9.

(39) Reprogon 1:8 / 90°: DE 1188322 (15.03.1962)
CH 391 318 (15.03.1962)

(40) R. Kosta, Afganistan Journal 3(1), S. 65–74 (1974).

(41) Falkonar/Rekonar: GB 1037442 (03.04.1963)

(42) Siehe dazu Lawrence W. Fritz, Hellmut H. Schmid: „Stellar calibration of the orbigon lens", Photogrammetric Engineering, Vol. 40; 1, S. 101–111, 1974.

(43) Orbigon (Vorläufer): CH 420 657 (20.09.1963)
CH 421 547 (02.11.1963)

(44) Orbigon: CH 489 810 (16.04.1968)
Die abgebildete Werkzeichnung entspricht: CH 489810.

(45) Ur-Smakula-Patent, Zeiss: DE 685 767 (01.11. 1935)

(46) Klaus Hildebrand: Opticus 1987/6 S. 7–10.
Klaus Hildebrand: Opticus 1988/1 S. 5–8.

(47) Biogon 90°: CH 906 520 (13.03.1950)
CH 310 552 (06.02.1953)
DE 1054248 (01.09.1953)
DE 945 959 (16.12.1952)

(48) Günter Klemt: DE 975 637 (01.09.1954)

(49) Biogon 90°, 1:2.8: CH 449 995 (02.08.1966)

(50) E. Glatzel, Vortrag auf der ICO-8/Reading 1969: „Moderne Entwicklung auf dem Gebiet der Berechnung fotografischer Objektive."

(51) E. Glatzel, H. Zarjadatz, L.Bertele:
DE 2158351 (25.11.1971)

(52) Systeme für militärische Anwendungen:
Optisches System Periskop: CH 281 184 (21.01.1950)
Periskop kurzer Bauart: CH 394 628 (08.09.1961)
Fernrohr Typ Galilei: CH 512 748 (03.07.1969)

(53) Mikroskopkondensor: DE 937 671 (06.09.1951)
CH294 396 (06.09.1951)

(54) Fluotar 40x: CH 369 605 (04.09.1958)

(55) Fluotar 100x: CH 441 796 (11.01.1966)

(56) Wild'sche Hauszeitschrift Opticus 1953/3, S. 24–28.

(57) Schacht, Travenon (Spiegelglas): DE 1808498 (14.03.1958)

(58) Peter Geisler: „Albert Schacht, Photo-Objektive aus Ulm a.d. Donau", 2013, Computus-Verlag, ISBN978-3-940598-20-2.

(59) Schacht, Travegon: DE 1020809 (18.06.1954)
DE 1025641 (31.05.1955)
CH 333 803 (18.06.1955)
CH 325 890 (18.06.1955)

(60) Schacht, Travenar 1:3.5 f/135: DE 843 305 (24.11.1948)

(61) Schacht, Travenar 1: 2.8 f/85: DE 1051527 (08.03.1954)

(62) Schacht Periskop kurz: DE 1144495 (08.09.1961)
Schacht Periskop kurz: DE 1185394 (10.08.1962)
Die beiden Periskop-Patente laufen nur unter dem Namen Schacht. Aus nicht bekannten Gründen verzichtete LJB auf einen Eintrag unter seinem Namen.

(63) Rudolf Simmen: „Von Wild zu Leica – 70 Jahre Firmengeschichte 1921–1991".

(64) Vario-Objektiv: CH 427 334 (28.08.1964)
DE 1236816 (27.08.1964)
DE 2114073 (23.03.1973)
DE 3043667 (19.11.1980)

(65) Endoskop: DE 3342498 (24.11.1983)

(66) Dr. Edna Hillmann: Polykum Nr.3/12–13, Nov. 2012. Animal Behaviour, Health and Welfare Group, Institute of Agricultural Sciences/ETH Zurich. Publikation in Vorbereitung.

(67) Privatmitteilung – Rudolf Kingslake, Autor von: „A History of the Photographic Lens". Academic Press San Diego, ISBN 0-12-4086-40-3.

(68) Optotune, M. Blum, M. Büeler, C. Grätzel, M. Aschwanden: Optical Design and Engineering IV, Proceedings Vol. 8167.

Die LJB betreffende Literatur, insbesondere die der Patente, ist möglichst vollständig aufgelistet. Es konnte jedoch im Textteil nicht auf alle zitierten Stellen Bezug genommen werden.

Bemerkungen zu den Patenten

Die beiden Buchstaben vor der Patentnummer sind der Ländercode (CH, DE, FR, US). Nach der Patent-Nummer ist in Klammern das Prioritätsdatum angeführt.

Unter der Adresse:
http://worldwide.espacenet.com
können alle (zitierten) Patente gefunden und eingesehen werden.